21世纪中等职业教育特色精品课程规划教材
中等职业教育课程改革项目研究成果

车工工艺与技能训练

主 编　蔡晓东
副主编　刘　勇

北京理工大学出版社
BEIJING INSTITUTE OF TECHNOLOGY PRESS

内容提要

内容提要职业教育培养的是面向生产的技术型人才,车工是一门重要实践课,主要任务是为学习后续的相关专业课程和从事车削加工工作打好基础。根据中等职业学校学生情况及国内外教材编写经验,本书删去了较深的理论推导,力求突出系统性、针对性、典型性和实用性。叙述深入浅出,力求做到"通俗易懂、好教好学"的特点。本书系统地介绍了车床的基础知识和工艺,车削轴类工件、盘套类工作、圆锥面、螺纹、成形面、中等复杂工件的相关知识及车床其他加工方法,以及典型工件的车削加工实训,通过实例提供详细的车削加工工艺和加工方法,以加深理解,达到事半功倍的效果。以期达到快速提高读者操作和应用水平的能力。

图书在版编目(CIP)数据

车工工艺与技能训练/蔡晓东主编. —北京:北京理工大学出版社,2009.7(2012.7 重印)
ISBN 978 – 7 – 5640 – 2365 – 2

Ⅰ. 车… Ⅱ. 蔡… Ⅲ. 车削 – 专业学校 – 教材 Ⅳ. TG510.6

中国版本图书馆 CIP 数据核字(2009)第 107521 号

出版发行／北京理工大学出版社
社　　址／北京市海淀区中关村南大街 5 号
邮　　编／100081
电　　话／(010)68914775(办公室)　68944990(批销中心)　68911084(读者服务部)
网　　址／http://www.bitpress.com.cn
经　　销／全国各地新华书店
印　　刷／北京通县华龙印刷厂
开　　本／787 毫米×1092 毫米　1/16
印　　张／7.75
字　　数／198 千字
版　　次／2009 年 7 月第 1 版　2012 年 7 月第 2 次印刷　　　　　　　　　责任校对/陈玉梅
定　　价／17.00 元　　　　　　　　　　　　　　　　　　　　　　　　　责任印制/边心超

出版说明

　　中等职业教育是以培养具有较强实践能力，面向生产、面向服务和管理第一线职业岗位的实用型、技能型专门人才为目的的职业技术教育，是职业技术教育的初级阶段。目前，中等职业教育教学改革已经从专业建设、课程建设延伸到了教材建设层面。根据教育部关于要求发展中等职业技术教育，培养职业技术人才的大纲要求，北京理工大学出版社组织编写了《21世纪中等职业教育特色精品课程规划教材》。该系列教材是中等职业教育课程改革项目研究成果。坚持以能力为本位，以就业为导向，以服务学生职业生涯发展为目标的指导思想。主要从以下三个角度切入：

　　1. 从专业建设角度

　　该系列教材摒弃了传统普通高等教育和传统职业教育"学科性专业"的束缚，致力于中等职业教育"技术性专业"。主体内容由与一线技术工作相关联的岗位有关知识所构成，充分体现职业技术岗位的有效性、综合性和发展性，使得该系列教材不但追求学科上的完整性、系统性和逻辑性，而且突出知识的实用性、综合性，把职业岗位所需要的知识和实践能力的培养融于一炉。

　　2. 从课程建设角度

　　该系列教材规避了现有的中等职业教育教材内容上的"重理论轻实践"、"重原理轻案例"，教学方法上的"重传授轻参与"、"重课堂轻现场"，考核评价上的"重知识的记忆轻能力的掌握"、"重终结性的考试轻形成性考核"的倾向，力求在整体教材内容体系以及具体教学方法指导、练习与思考等栏目中融入足够的实训内容，加强实践性教学环节，注重案例教学和能力的培养，使职业能力的提升贯穿于教学的全过程。

　　3. 从人才培养模式角度

　　该系列教材为了切合中等职业教育人才培养的产学结合、工学交替培养模式，注重有学就有练、学完就能练、边学边练的同步教学，吸纳新技术引用、生产案例等情景来激活课堂。同时，为了结合学生将来因为岗位或职业的变动而需要不断学习的实际，注重对新知识、新工艺、新方法、新标准引入，在培养学生创造能力和自我学习能力的培养基础上，力争实现学生毕业与就业上岗的零距离。

　　为了贯彻和落实上述指导思想，在本系列教材的内容编写上，我们坚持以下一些原则：

1. 适应性原则

在进行广泛的社会调查基础上，根据当今国家的政策法规、经济体制、产业结构、技术进步和管理水平对人才的结构需求来确定教材内容。依靠专业自身基础条件和发展的可行性，以相关行业和区域经济状况为依托，特别强调面向岗位群体的指向性，淡化行业界限、看重市场选择的用人趋势，保证学生的岗位适应能力得到训练，使其有较强的择业能力，从而使教材有活力、有质量。

2. 特色性原则

在调整原有专业内容和设置专业新兴内容时，注意保留和优化原有的、至今仍适应社会需求的内容，但随着社会发展和科技进步，及时充实和重点落实与专业相关的新内容。"特色"主要是体现为"人无我有"，"人有我精"或"众有我新"，科学预测人才需求远景和人才培养的周期性，以适当超前性专业技术来引领教材的时代性。结合一些一线工作的实际需要和一些地方用人单位的区域资源优势、支柱产业及其发展方向，参考发达地区的发展历程，力争做到专业课内容的成熟期与人才需求的高峰期相一致。

3. 宽口径性原则

拓宽教材基础是提高专业适应性的重要保证之一。市场体制下的人才结构变化加快，科技迅猛发展引起技术手段不断更新，用人机制的改革使人才转岗频繁，由此要求大部分专门人才应是"复合型"的。具体课程内容应是当宽则宽，当窄则窄。在紧扣本专业课内容基础上延伸或派生出一些适应需求的与其他专业课相关的综合技能。既满足了社会需求又充分锻炼学生的综合能力，挖掘了其潜力。

4. 稳定性和灵活性原则

中职职业教育的专业课程都有其内核的稳定性，这种内核主要是体现在其基本理论，基础知识等方面。通过稳定性形成专业课程教材的专业性特点，但同时以灵活的手段结合目标教学和任务教学的形式，设置与生产实践相切合的项目，推进教材教学与实际工作岗位对接。

为了更好地落实本教材的指导思想和编写原则，教材的编写者都是既有一定的教学经验、懂得教学规律，又有较强实践技能的专家，他们分别是：相关学科领域的专家；中等职业教育科研带头人；教学一线的高级教师。同时邀请众多行业协会合作参与编写，将理论性与实践性高度统一，打造精品教材。另外，还聘请生产一线的技术专家来审读修订稿件，以确保教材的实用性、先进性、技术性。

总之，该系列教材是所有参与编写者辛勤劳作和不懈努力的成果，希望本系列教材能为职业教育的提高和发展作出贡献。

北京理工大学出版社

前言

车床是主要用车刀对旋转的工件进行车削加工的机床。在车床上还可用钻头、扩孔钻、铰刀、丝锥、板牙和滚花工具等进行相应的加工。车床主要用于加工轴、盘、套和其他具有回转表面的工件，是机械制造和修配工厂中使用最广的一类机床。随着工业的发展，对车工这个工种需要的人数也在不断增加。为此编写了本书，希望能够对读者有一定的帮助，为以后的工作和发展打下良好的基础。本书力求把车床的操作知识讲解的浅显易懂，使更多的人更快地掌握车削加工的相关知识。

职业教育培养的是面向生产的技术型人才，车工是一门重要实践课，主要任务是为学习后续的相关专业课程和从事车削加工工作打好基础。根据中等职业学校学生情况及国内外教材编写经验，本书删去了较深的理论推导，力求突出系统性、针对性、典型性和实用性。叙述深入浅出，力求做到"通俗易懂、好教好学"的特点。

本书系统地介绍了车床的基础知识和工艺，车削轴类工件、盘套类工件、圆锥面、螺纹、成形面、中等复杂工件的相关知识及车床其他加工方法，以及典型工件的车削加工实训，通过实例提供详细的车削加工工艺和加工方法，以加深理解，达到事半功倍的效果。以期达到快速提高读者操作和应用水平的能力。

在本书编写过程中参考了大量的文献资料，在此对其作者一并表示感谢。由于作者水平有限，加上时间仓促，书中难免存在错误和不足之处，恳请读者提出宝贵意见，以便进一步修改。

编　者

目　录

第一章

车工的基础知识

 本章概述

  本章讲解了车床的基本知识从工作内容到各部分的名称，还讲解了车床的润滑和维护保养的相关知识，最后叙述了在实际操作中应该掌握的文明生产和安全生产的知识。

 教学目标

  1. 了解车床的基本结构及性能。
  2. 掌握车削工作的基础知识。
  3. 对车床能进行润滑和维护保养。
  4. 掌握文明和安全生产的相关规定。

第一节　车削的基本内容

一、车床的基本工作

车削是指工件旋转，车刀在平面内作直线或曲线移动的切削加工。车削的加工范围很广，就其基本内容来说，如图1-1所示。可以车外圆（图（a））、车端面（图（b））、切断和车槽（图（c））、钻中心孔（图（d））、钻孔（图（e））、车孔（图（f））、铰孔（图（g））、车螺纹（图（h））、车圆锥面（图（i））、车成形面（图（j））、滚花（图（k））、盘绕弹簧（图（l））等。这些小同形状的工件都有一个共同的特点，即带有旋转表面。一般来说，机器中带旋转表面的工件所占的比例是很大的。在车床上如果装上其他附件和夹具，还能扩大使用范围，如镗削、磨削、研磨、抛光等。因此，车削在机械制造中占有特别重要的地位，车床亦是应用很广泛的金属切削机床之一。

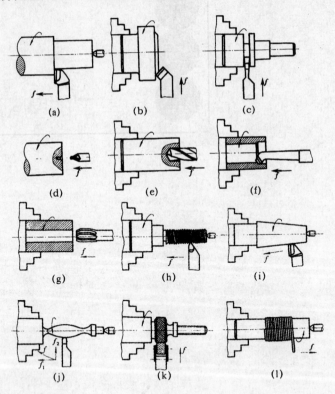

图1-1　车削的基本内容

二、车床各部分名称和用途

1. 床头部分

（1）主轴箱　主轴箱内有多组齿轮变速机构，变换箱外手柄的位置可使主轴得到各种不同转速。

（2）卡盘　用来装夹工件，带动工件一起旋转。

2. 交换齿轮箱部分

它的作用是把主轴旋转运动传送给进给箱，在必要时调换箱内齿轮后，可以车削各种不同螺距的螺纹。

3. 进给部分

（1）进给箱　利用箱内的齿轮传动机构，把主轴传递的动力传给光杠或丝杠，变换箱外的手柄，可以使光杠或丝杠得到各种不同的转速。

（2）丝杠　用来车削螺纹。

（3）光杠　用来带动溜板箱，使车刀按要求方向作纵向或横向运动。

4. 溜板部分

（1）溜板箱　变换箱外手柄的位置，在光杠或丝杠的传动下，使车刀按要求方向作进给运动。

（2）床鞍、中滑板及小滑板　床鞍与车床导轨精密配合，纵向进给时保证轴向精度。中滑板由它进行横向进给，并保证径向精度。小滑板可左右移动角度，车削锥度。

（3）刀架　用来装夹车刀。

5. 尾座

用来装夹顶尖和钻头、铰刀等工具。

6. 床身

它是支承件，支承其他各部件。图1-2是CA6140型卧式车床的外形。

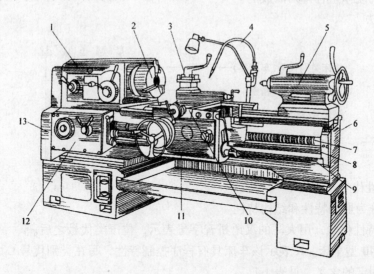

图1-2　CA6140型卧式车床

1—主轴箱；2—卡盘；3—刀架；4—切削液管；5—尾座；
6—床身；7—长丝杠；8—光杠；9—操纵杆；10—床鞍；
11—溜板箱；12—进给箱；13—交换齿轮箱

三、车床的传动

电动机输出的动力，经V带传动给主轴箱，变换箱外的手柄位置，可使箱内不同的齿轮啮合，从而使主轴得到各种不同的转速。主轴通过卡盘带动工件作旋转运动。此外主轴的旋转通过交换齿轮箱、进给箱、丝杠或光杠、溜板箱的传动，使溜板箱带动装在刀架上的刀

具作直线进给运动。

车床的传动系统框图如图1-3所示。

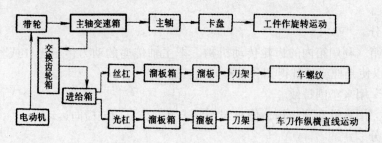

图1-3　车床的传动系统框图

四、车床型号的表示

现在金属切削机床的品种非常多，为了管理和使用的方便，必须给每种机床赋予一个型号，每台机床的型号必须反映出机床的类别、结构特征和主要技术参数。

在我国现行的金属切削机床型号编制方法分类中，将所有的金属切削机床分为十一大类，每一类都以汉语拼音字母表示型号的首位。另外，为了能反映机床的结构、性能和规格等主要特点，还加入其他的字母和数字来表达。机床型号的编制是采用汉语拼音字母和阿拉伯数字按一定的规律组合排列而成的。

1. 表示方法

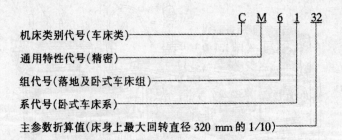

机床类别代号(车床类)
通用特性代号(精密)
组代号(落地及卧式车床组)
系代号(卧式车床系)
主参数折算值(床身上最大回转直径320 mm的1/10)

2. 机床特性代号

机床特性分为通用特性和结构特性。

（1）通用特性代号　用大写的汉语拼音字母表示，位于类代号之后。

例如CK6140型车床。K表示该车床具有程序控制特性，写在类别代号C之后。通用特性代号有固定的含义，见表1-1。

通用特性	高精密	精密	自动	半自动	数控	加工中心自动换刀	仿形	轻型	加重型	简式或经济型	柔性加工单元	数显	高速
代号	G	M	Z	B	K	H	F	Q	C	J	R	X	S
读音	高	磨	自	坐	控	换	仿	轻	重	简	柔	显	速

（2）结构特性　它只在同类机床中起区分机床结构、性能不同的作用。

当型号中有通用特性代号时，结构特性代号排在通用特性代号之后，否则结构特性代号直接排在类代号之后。

例如CA6140型卧式车床型号中的"A"是结构特性代号，以区分与C6140型卧式车床主参数相同，但结构不同。

（3）机床的组、系代号　每类机床划分为十个组，每个组又划分为十个系（系列），分别用一位阿拉伯数字表示，位于类代号或特性代号之后。系代号位于组代号之后。

（4）机床的主参数代号　机床主参数在机床型号中用折算值表示，位于组、系代号之后。

主参数等于主参数代号（折算值）除以折算系数。

例如卧式车床的主参数折算系数为1/10，所以CA6140型卧式车床的主参数为400mm。

（5）机床的重大改进顺序号　当机床的结构、性能有更高的要求，并需按新产品重新设计、试制和鉴定时，按改进的先后顺序选用A、B、C、…等汉语拼音字母（但"I、O"两个字母不得选用），加在型号基本部分的尾部，以区别原机床型号。如C6140A，这"A"表示第一次重大改进的床身上最大工件回转直径400mm的卧式车床。

第二节　车床的润滑和维护保养

一、车床的润滑

在实际生产和操作中，要使车床在工作中减少机件的磨损，保持车床的精度，延长车床的使用寿命，必须对车床上所有摩擦部位定期进行润滑。

根据车床各个零部件在不同的受力条件下工作的特点，常采用的润滑方式有：

·浇油润滑车床外露的滑动表面，如床身导轨面，中、小滑板导轨面等，擦干净后用油壶浇油润滑；

·溅油润滑车床齿轮箱内的零件一般是利用齿轮的转动把润滑油飞溅到各处进行润滑；

·油绳润滑将毛线浸在油槽内，利用毛细管作用把油引到所需要润滑的部位，如图1-4（a）所示，如车床进给箱就是利用油绳润滑的；

·弹子油杯润滑尾座和中、小滑板摇手柄转动轴承处，一般用弹子油杯润滑。润滑时，用油嘴把弹子撳下，滴入润滑油，如图1-4（b）所示；

·黄油（油脂）杯润滑交换齿轮架的中间齿轮一般用黄油杯润滑。润滑时，先在黄油杯中装满工业润滑脂。旋转油杯盖时，润滑油就会挤入轴承套内，如图1-4（c）所示；

·油泵循环润滑这种方式是依靠车床内的油泵供应充足的油量来进行润滑。

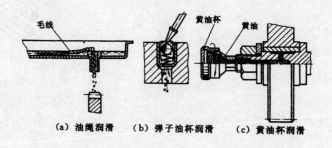

(a) 油绳润滑　　(b) 弹子油杯润滑　　(c) 黄油杯润滑

图1-4　润滑的几种方式

图1-5是CA6140型卧式车床的润滑系统图。润滑部位用数字标出，除了图中所注②处的润滑部位用2号钙基润滑脂进行润滑外，其余用所圈数字L-AN46全损耗系统用油润滑，

如表示 L－AN46 全损耗系统用油／两班制换（添）油天数。由于长丝杠和光杠的转速较高，润滑条件较差，必须注意每班次加油，润滑油可以从轴承座上面的方腔中加入，如图 1-6 所示。

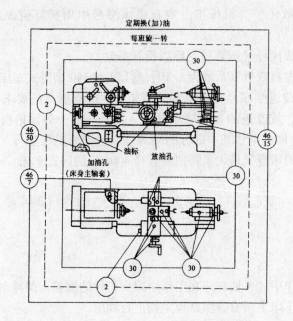

图 1-5　CA6140 型卧式车床的润滑系统位置

二、车床的保养

当机床使用到一定的年限，各运动件之间的间隙增大，各紧固、连接件会产生松动，机床外表会出现锈蚀、油污，这些情况的出现直接影响零件的加工质量和生产效率。为了保证车床精度和延长车床使用寿命，必须对车床进行合理、必要的保养。保养的主要内容是清洁、润滑和必要的调整。

1. 班前保养

- 擦净机床各部外露导轨及滑动面；
- 按规定润滑各部位，油质、油量符合要求；
- 检查各手柄位置；
- 空车试运转。

2. 班后保养

- 将铁屑全部清扫干净；
- 擦净机床各部位；
- 部件归位；
- 认真填写交接班记录及其他记录。

图 1-6　丝杠、光杠轴承润滑

三、详细保养知识（见表1-2）

表1-2　车床维护保养知识

日常保养内容和要求	定期保养的内容和要求	
	保养部位	内容和要求
一、班前 　1. 擦净机床各部外露导轨及滑动面 　2. 按规定润滑各部位，油质、油量符合要求 　3. 检查各手柄位置 二、班后 　1. 将铁屑全部清扫干净 　2. 擦净机床各部位 　3. 部件归位 　4. 认真填写交接班记录及其他记录	外表	1. 清洗机床外表及死角，拆洗各罩盖，要求内外清洁，无锈蚀、无黄斑、漆见本色铁见光 2. 清洗丝杠、杠、齿条要求无油垢 3. 检察补齐螺钉、手柄、手球
	床头箱	1. 拆洗滤油器 2. 检查主轴定位螺丝调整适当 3. 调整磨擦片间隙和刹车装置 4. 检查油质保持良好
	刀架及拖板	1. 拆洗刀架、小拖板、中溜板各件 2. 安装时调整好中溜板、小拖板的丝杠间隙和斜铁间隙
	挂轮箱	1. 拆洗挂轮及挂轮架，并检查轴套有无晃动现象 2. 安装时调整好齿轮间隙，并注入新油质
	尾座	1. 拆洗尾座各部 2. 清除研伤毛刺，检察丝杠，丝母间隙 3. 安装时要求达到灵活可靠
	起刀箱及溜板箱	清洗油线、油毡、注入新油
	润滑及冷却	1. 清洗冷却泵，冷却槽 2. 检查油质，保持良好，油杯齐全。油窗明亮 3. 清洗油线、油毡，注入新油，要求油路畅通
	电气	1. 清扫电机及电气箱内外灰尘 2. 检查擦拭电气元件及触点，要求完好可靠无灰尘，线路安全可靠

第三节　文明生产与安全生产

一、文明生产

（1）开车前检查车床各部分机构及防护设备是否完好，各手柄是否灵活、位置是否正确。检查备注油孔，并进行润滑。然后使主轴空运转 1～2min，待车床运转正常后才能工作。若发现车床有毛病，应立即停车并申报检修。

（2）主轴变速必须先停车，变换进给箱手柄要在低速下进行。为保持丝杠的精度，除切削螺纹外，不得使用丝杠进行机动进给。

（3）刀具、量具及工具等的放置要稳妥、整齐、合理，有固定的位置，便于操作时取用，用后应放向原处。主轴箱盖上不应放置任何物品。

（4）工具箱内应分类摆放物件。精度高的应放置稳妥，重物放下层、轻物放上层，不可随意乱放，以免损坏和丢失。

（5）正确使用和爱护量具。经常保持清洁，用后擦净、涂油、放入盒内，并及时归还工具室。所使用量具必须定期校验，以保证其度量准确。

（6）不允许在卡盘及床身导轨上敲击或校直工件，床面上不准放置工具或工件。装夹、找正较重工件时，应用木板保护床面。拆卸时若工件卸不下，应用千斤顶支撑。

（7）车刀磨损后，应及时刃磨，不允许用钝刃车刀继续车削，以免增加车床负荷、损坏车床，影响工件表面的加工质量和生产效率。

（8）批量生产的零件，首件应送检。在确认合格后，方可继续加工。精车工件要注意防锈处理。

（9）毛坯、半成品和成品应分开放置。半成品和成品应堆放整齐、轻拿轻放，严防碰伤已加工表面。

（10）图样、工艺卡片应放置在便于阅读的位置，并注意保持其清洁和完整。

（11）使用切削液前，应在床身导轨上涂抹润滑油。

（12）工作场地周围应保持清洁整齐。

（13）工作完毕后，将所用过的物件擦净归位，清理机床、刷去切屑、擦净机床各部位的油污；按规定加注润滑油，最后把机床周围打扫干净；将床鞍摇至床尾一端，各转动手柄放到空挡位。

二、安全生产

（1）工作时应穿工作服、戴袖套。女同志应戴工作帽，将长发塞入帽子里。

（2）工作时，头不能离工件太近；为防止切屑飞入眼中，必须戴防护眼镜。夏季禁止穿裙子、短裤和凉鞋上机操作。

（3）工作时，必须集中精力，注意手、身体和衣服不能靠近正在旋转的机件。如工件、带轮、胶带、齿轮等。

（4）工件和车刀必须装夹牢固，以防飞出伤人。卡盘应装有保险装置。装夹好工件后，卡盘扳手必须随即从卡盘上取下。

（5）凡装卸工件、更换刀具、测量刀口工表面及变换速度时，必须先停车。

（6）车床运转时，不得用手去摸工件表面，尤其是加工螺纹时，严禁用手抚摸螺纹面。

（7）应用专用铁钩清除切屑，绝不允许用手直接清除。

（8）在车床上操作不准戴手套。

（9）不准用手去刹住转动着的卡盘。

（10）不要随意拆装电气设备，以免发生触电事故。

（11）工作中若发现机床、电气设备有故障，应及时申报由专业人员检修，未修复不得使用。

每章一练

1. 车床上的各部分的名称和用途分别是什么？

2. 车床的常用的润滑方式是什么？

3. 画出车床传动系统的框图。

4. 车工文明生产的内容是什么？

5. 车工需要主要哪些安全技术？

第二章

切削的基本知识

本章主要讲解了车刀和切削力、切削过程和切削液，从常用的车刀种类到车刀工作时一些角度的选择，讲解切削液的相关知识时从它的作用到分类、选用及合理使用进行了阐述。

1. 了解车刀的作用并能正确选用车刀。

2. 掌握车削的基本知识及正确选择切削用量。

3. 了解切削液的分类及作用，并能正确使用切削液。

第一节　　车刀

一、常用的车刀种类和用途

车刀（turning tool）是安装在车床上的用来切削金属的工具。车刀是应用最广的一种单刃刀具，也是学习、分析各类刀具的基础。

1，车刀的种类

车刀按照用途的不同可以分为外圆车刀、端面车刀、切断刀、内孔车刀、圆头车刀和螺纹车刀等，如图 2-1 所示。

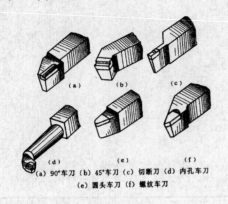

(a) 90°车刀　(b) 45°车刀　(c) 切断刀　(d) 内孔车刀
(e) 圆头车刀　(f) 螺纹车刀

图 2-1　常用车刀

图 2-2　常用车刀的用途

2. 刀的用途

常用车刀的基本用途如图 2-1 和图 2-2 所示。

·90°车刀（偏刀）用来车削工件的外圆、台阶和端面；

·45°车刀（弯头车刀）用来车削工件的外圆、端面和倒角；

·切断刀用来切断工件或在工件上切槽；

·内孔车刀用来车削工件的内孔；

·圆头车刀用来车削工件的圆角、圆槽或车成形面工件；

·螺纹车刀用来车削螺纹。

二、车刀的工作角度

车刀静止状态的角度（即标注角度），它们是假设刀尖对准工件轴线，进给量为零的条件下规定的角度。车刀在工作时，由于装的高低、歪斜，它的工作角度不等于标注角度。在一般情况下，工作角度与标注角度相差无几，可忽略不计。但两者相差较大时，就应考虑。

（1）车刀装的高低对角度的影响　车外圆（或横车）时，如果车刀刀尖装的高于工件轴线，由于切削平面和基面的相对位置发生变化，而使前角增大，后角减小，如图 2-3（b）所示。相反，刀尖装的低于工件轴线，则前角减小，后角增大，如图 2-3（c）所示。

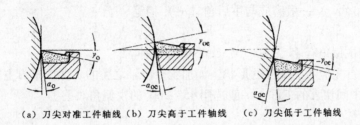

（a）刀尖对准工件轴线　（b）刀尖高于工件轴线　（c）刀尖低于工件轴线

图2-3　车外圆时车刀装得高低对前角和后角的影响

（2）车刀装的歪斜对角度的影响　车刀在水平面内装夹歪斜会使主偏角和副偏角的数值发生变化。

一般车刀装得略为歪斜，对加工影响不大。但对螺纹车刀、切断刀或精车刀影响就较大。螺纹车刀若装夹歪斜，会产生螺纹牙型半角误差；切断刀装夹歪斜，会使工件切断面不平，甚至使刀头折断；精车刀装夹歪斜，会影响工件的表面粗糙度。

三、车刀角度的初选

1. 前角

前角的数值与工件的材料、加工性质和刀具材料有关。选择前角的大小主要根据以下几个原则：

（1）车削塑性金属时可取较大的前角；车削脆性金属时应取较小的前角。工件材料软，可选择较大的前角；工件材料硬，应选择较小的前角。

（2）粗加工，尤其是车削有硬皮的铸、锻件时，为了保证切削刃有足够的强度，应取较小的前角；精加工时，为了得到较细的表面粗糙度，一般应取较大的前角。

（3）车刀材料的强度、韧性较差，前角应取小些；反之，前角可取得较大。

车刀前角的参考数值见表2-1。

表2-1　车工前角的参考数值

工件材料	刀具材料	
	高速钢	硬质合金
	前角（γ_e）/（°）	
灰铸钢 HT150	0 ~ 5	5 ~ 10
高碳钢和合金钢（$\sigma_b = 800 ~ 1000MPa$）	15 ~ 25	5 ~ 10
中碳钢和中碳合金钢（$\sigma_b = 600 ~ 800MPa$）	25 ~ 30	10 ~ 15
低碳钢	30 ~ 40	25 ~ 30
铝及镁的轻合金	35 ~ 45	30 ~ 35

2. 后角

后角太大会降低车刀的强度；后角太小，会增加后刀面与工件的摩擦。选择后角主要根据以下几个原则：

（1）粗加工时，应取较小的后角（硬质合金车刀：$\alpha_o = 5° ~ 7°$；高速钢车刀：$\alpha_o = 6° ~ 8°$）；精加工时，应取较大的后角（硬质合金车刀：$\alpha_o = 8° ~ 10°$；高速钢车刀：$\alpha_o = 8° ~ 120°$）。

（2）工件材料较硬，后角应取小些；工件材料较软，后角可取大些。

11

（3）副后角（α_o'）一般磨成与主后角（α_o）相等。

3. 主偏角

常用的车刀主偏角有 45°、60°、75°和 90°等几种。

选择主偏角首先应考虑工件的形状。如加工台阶轴之类的工件，车刀主偏角必须等于或大于 90°；加工中间切入的工件，一般选用 45°~60°的主偏角。

4. 副偏角

减小副偏角，可以减小工件的表面粗糙度。相反，副偏角太大时，刀尖角（ε_r）就减小，影响刀头强度。

副偏角一般为 6°~8°。当加工中间切入工件时，副偏角应取得较大（$K_r' = 45°~60°$）。

5. 刃倾角

一般车削时（指工件圆整、切削厚度均匀），取零度的刃倾角；断续切削和强力切削时，为了增加刀头强度，应取负的刃倾角；精车时，为了减小工件的表面粗糙度，刃倾角应取正值。

第二节　车削过程和切削力

一、车削运动和切屑的形成

1. 切削运动

切削运动是指在切削加工中刀具与工件的相对运动，即表面成形运动。图 2-4 中，车床主轴带动工件旋转，称为主运动，这是车床上最基本的运动；通过溜板箱，带动刀架上的车刀做自动纵向进给（车外圆时使用）或自动横向进给（车端面时使用），称为进给运动，另外，还有手动纵向进给、手动横向进给、退刀、回程和快速移进等，都称为辅助运动。

2. 切屑的形成

在车床上加工工件，随着主运动和进给运动的相对运动，把金属切离下来，形成切屑。切屑被切下来是金属被挤压后产生变形的结果。图 2-5 所示是刀具切入金属，金属受挤压后的变形情况。这时，如果金属继续受力，被切除部分就会发生塑性变形、滑移、挤裂、脱落而成为切屑。

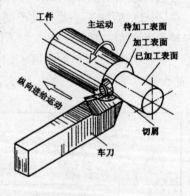

图 2-4　车削

由于工件材料和切削条件（包括切削用量、车刀角度等）的不同，从工件上切下切屑所形成的形状也不完全一样。图 2-6 所示为不同的切屑类型，图 2-6（a）为带状切屑，在切削碳素钢、合金钢、铜和铝合金等塑性较大的金属材料时，使用较大前角的车刀，选用较高的切削速度时，都容易出现这类切屑。图 2-6（b）为节状切屑，在高速车削、大进给量切削钢材类工件时，易出现这类切屑。图 2-6（c）为崩碎切屑，在切削铸铁、黄铜一类脆性金属材料时，多产生这类切屑。

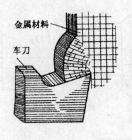

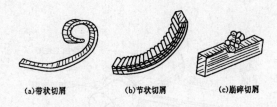

(a)带状切屑　　　　(b)节状切屑　　　　(c)崩碎切屑

图2-5　金属材料受挤压后的变形情况　　　　　图2-6　切屑的类型

二、切削用量和选择原则

在车削加工中，工件旋转运动和进给运动的数值用切削用量来表示，切削用量包括背吃刀量、切削速度和进给量，总称为切削用量三要素。

1. 切削用量和基本的计算

（1）背吃刀量 a_p　工件上已加工表面与待加工表面的垂直距离，如图2-7所示，即为背吃刀量，单位为 mm，用下面公式计算背吃刀量：

$$a_p = \frac{D - d}{2} \qquad (2-1)$$

式中　D——工件待加工表面直径，mm；

　　　d——工件已加工表面直径，mm。

（2）切削速度 u　在车床上，工件的旋转运动为主运动，主运动的线速度，就是切削速度，如图2-8所示，实际上它等于工件被车削表面上的某点相对车刀切削刃每分钟转过的圆周长度，单位为 m/min。即

$$u = \frac{\pi D_n}{1000} \text{或} \ u \approx \frac{D_n}{318} \qquad (2-2)$$

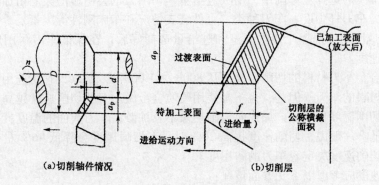

(a)切削轴件情况　　　　　　(b)切削层

图2-7　背吃力量和切

式中，D 为工件待加工表面直径（mm）；N 为车床主轴转速（r/min）。

切削速度与待加工表面直径、车床主轴转速有关，若已知切削速度，计算车床主轴转速 n 时用下面公式：

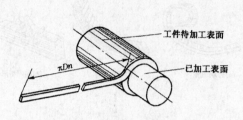

图 2-8　切削速度计算图　　　　　　　图 2-9　纵向进给量和横向进

$$n = \frac{1000u}{\pi D} \text{或} n = \frac{318u}{D} \qquad (2-3)$$

计算出的主轴转速若在车床转速牌上找不到，可按照选低不选高的原则选择相应转速。

（3）进给量 f　进给量就是工件每转一转，车刀在进给方向上移动的距离，如图 2-9 所示，单位为 mm/r。

2. 切削用量的正确选择

合理地选择切削用量，对充分发挥车刀的切削性能和提高效率都有重要的意义。车削时采用的切削用量，应在保证工件加工精度和车刀寿命的前提下，获得最高的生产效率。切削用量的选择次序是：先选择大的背吃刀量 a_p，再选择较大的进给量 f，最后选择切削速度 u。

（1）背吃刀量 a_p 的选择　背吃刀量一般是按工件毛坯的加工余量多少和工件表面粗糙度的要求来决定。被车削工件表面要求属于粗糙表面情况下，应尽可能使背吃刀量等于毛坯的全部余量。若限于车床的动力不足或工件的刚性不足，不可能一次切除时，则应酌量减少。

如果工件的表面粗糙度值较低，则应分粗车和精车两次车刀完成。第一次走刀的背吃刀量可取加工余量的 2/3 ~ 3/4，半精车时的背吃刀量可取 0.5 ~ 2mm；精车时取 0.1 ~ 0.4mm。

（2）进给量 f 的选择　车削中，增大进给量，切削力也会明显增大。粗加工中，进给量的选取主要考虑车刀杆强度、车刀种类、工件装夹情况和车床刚性等因素。

（3）切削速度 u 的选择　背吃刀量和进给量选择好后，在保证车刀耐用度前提下，选择适宜的切削速度。

由于硬质合金车刀材料的切削温度高达 800℃ ~ 1 000℃，所以，它所选用的切削速度远远超过高速钢材料的车刀。但是，也不是使用硬质合金做车刀的切削速度越高越好。当切削速度增加时，切削温度也增加，加工时切削热来不及扩散，车刀前面的温度就显著增高，使车刀耐用度降低。一般说，切削速度提高 20% 时，车刀耐用度会降低 46% 左右。所以，在很大程度上，切削速度决定着车刀的耐用度。

选择切削速度应考虑以下几方面情况：

①工件材料越硬和强度越大，切削速度就应取得小一些。铸铁及其他脆性材料、不锈钢等材料适宜使用 YG 类硬质合金，采用较低的切削速度车削；而普通碳钢、合金钢等材料，适宜使用 YT 类硬质合金，采用较高切削速度车削；有色金属材料则采用比钢较高的切削速度车削。

②车削时，车床总有些或轻或重的振动现象，切削速度越高，进给量越大，则产生振动就越大。车削表面粗糙度值较大的工件，车床稍有振动，影响还不大，选择切削速度时可略高些，但必须考虑车床动力和车刀的强度。如果车床动力不足，高的切削速度会导致突然停

车（俗称闷车）而损坏车刀，在这种情况下应降低切削速度和进给量。

③粗加工、进行断续车削或加工大件、薄壁件、易变形工件，应选择较低的切削速度。

三、切削力的产生和影响

1. 切削力的存在和产生

切削力是指在切屑过程中产生的，大小相等、方向相反作用在工件和刀具上的。切削力包括主切削力、径向力和轴向力。

以车削为例，如果车刀是平放在刀架上（没用螺钉夹紧），切削时，当车床主轴转动，工件就会使车刀向着垂直于地面方向被打落，这个将车刀打落在地的力叫主切削力 P_z，如图 2-10 所示。

车刀在刀架上，如果刀架螺钉没将车刀夹紧，车床主轴转动进行切削时，工件则不会把车刀打落，而是迫使车刀向后退，这个推动车刀向后退的力叫径向力 P_y。

上面所说的，仅仅是车床转动而没有进给运动的情况下，当开动车床并进给时，如果车刀没被夹紧或夹紧力不够，刀杆就会倾斜移动，可见车削中车刀还会受到一个和进给方向相反的作用力，这就是轴向力。实际操作中，只要使车刀的侧边靠好刀架，并利用刀架上螺钉将车刀紧固，就可以抵消上述的三个力了。

车削情况下的切削力如图 2-11 所示。但由于车刀的角度不同，工件材料等加工条件不同，切削力也有所改变。

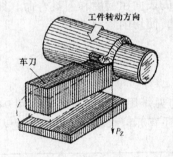

图 2-10　切削力的产生

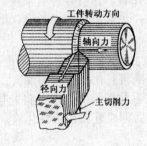

图 2-11　车削情况下的切削

车刀刀杆一般为矩形截面，所以做成高度大于宽度，就是为了适应切削力的情况而考虑的。

2. 各种因素对切削力的影响

当车削工件时，有时切削阻力很大，甚至使得车床产生剧烈的振动，而有时切削阻力很小，切削起来很平稳，这些是和很多因素有关系的。

（1）被加工工件材料的影响　工件材料不同，切削过程中所产生的切削抗力也就不同，工件材料越硬，强度越高时，切削力也越大，这主要是切削不同的材料，金属变形情况不同，变形越大的切削力也越大。

（2）切削用量的影响　背吃刀量和进给量的增加，都能使切削力增大，这是由于车刀上所承受的负荷增加，而且切削用量增大时，切屑变形也跟随增加的缘故。

（3）车刀几何形状和角度的影响　前角 γ 增大改善了切屑变形，使切削力减小；相反则增大。主偏角在切削时也很重要，主偏角增大时，切削力可以下降，但主偏角增大时，轴向力增大，径向力却要减少。

另外，合理使用切削液，减少切屑与车刀、工件与车刀间的摩擦，可以减少切削力。

第三节　切削液

切削液（cutting fluid，coolant）是一种用在金属切、削、磨加工过程中，用来冷却和润滑刀具和加工件的工业用液体。切削液主要是用来降低切削温度和减少切削过程中的摩擦。合理选择和使用切削液能提高工件的表面质量，减小工件的热变形。保证加工质量，减小切削力，延长刀具的使用寿命和提高生产率。

一、切削液的作用

（1）冷却作用　切削液能吸收并带走切削区大量的热量，改善散热条件，降低刀具和工件的温度，从而延长了刀具的寿命和防止工件因热变形而产生的误差，也为提高生产效率创造了有利条件。

（2）润滑作用　切削液能渗透到工件与刀具之间、切屑与刀具之间的微小间隙中形成一层薄薄的吸附膜，减小了摩擦因数。因此降低了切削力和切削热，减少了刀具的磨损，使排屑顺利并能限制积屑瘤的生成，提高工件的表面质量。对于精加工，润滑作用就更重要了。

（3）清洗作用　为了防止切削过程中产生的微小的切屑粘附在工件和刀具上，尤其是钻

深孔和铰孔时，切屑容易堵塞在容屑槽中，影响工件的表面粗糙度和刀具寿命。如果加注有一定压力，足够流量的切削液，则可将切屑迅速冲走，使切削顺利进行。

二、切削液的分类

常用切削液有乳化液和切削油。

（1）水性乳化液　乳化液是将乳化质油（从市场上购买）用水稀释而成的。用94%～97%的水稀释后即成乳白色的乳化液。此外，水性乳化液还有苏打水和肥皂水等，见表2-2。

表2-2　常用切削液成分表

名称	成分	比例/%
乳化液	乳化质油（直接从市场上购买）	3～6
	水	97～94
苏打水	无水碳酸钠	0.8
	亚硝酸钠	0.25
	水	98.95
肥皂水	无水碳酸钠或磷酸三钠	0.5～0.75
	肥皂	0.5～1
	亚硝酸钠	0.25
	水	98.75～98

（2）油质切削液　油质切削液主要是极压切削油和矿物油。常用的矿物油有 L－AN 全损耗系统用油（机械油）、轻柴油和煤油等。纯矿物油润滑效果较差，所以在实际使用中常在矿物油中加入极压添加剂（氯、硫、磷等），配制成极压切削油（如硫化切削油等），以提高使用效果。表2-3列出了一些在切削时常用的切削液，可供选用时参考。

表 2-3　常用切削液选用表

加工材料	车削种类	
	粗车	精车
碳素钢	乳化液、苏打水	乳化液（低速时 10%～15%，高速时 5%），极压乳化液、混合油、硫化油、肥皂水溶液等
合金钢	乳化液、极压乳化液	
不锈钢及耐热钢	乳化液、极压切削油 硫化乳化油 极压乳化液	氯化煤油 煤油加 25% 植物油 煤油加 20% 松节油和 20% 油酸、极压乳化液 硫化油（柴油加 20% 脂肪和 5% 硫黄），极压切削油
铸钢	乳化液、极压乳化液、苏打水	乳化液、极压切削油、混合油
青铜黄铜	一般不用，必要时用乳化液	乳化液含硫极压乳化液
铝	一般不用，必要时用乳化液、混合油	菜油、混合油 煤油、松节油
铸铁	一般不用，必要时用压缩空气或乳化液	一般不用，必要时用压缩空气或乳化液或极压乳化液

在车削铸铁等脆性金属时，因为它们的切屑呈细小颗粒状（甚至呈粉末状），和切削液混在一起成糊状，会黏结和堵塞车床导轨和管道，因此一般不用切削液。在用硬质合金车刀车削时，由于刀具耐热性好，故也不用切削液，只有在高速车螺纹时，由于刀具切削条件太差，大量热聚在刀尖处而使用切削液进行冷却。

综上所述，正确配制和选用切削液，可以在减少切削热和强化热传散两个方面抑制切削温度的升高，从而延长刀具的使用寿命和提高工件已加工表面的质量，是一条既经济又简便的有效途径。

三、切削液的选用

选择切削液的一般原则是：

1. 根据加工性质选用

（1）粗加工时　加工余量和切削量较大，产生大量的切削热，因而会使刀具磨损加快，这时应选用以冷却为主的乳化液。

（2）精加工时　主要为了保证工件的精度和表面质量，延长刀具的使用寿命，最好选用切削油或高浓度的乳化液。

（3）钻削、铰削和深孔加工时　刀具在半封闭状态下工作，排屑困难，切削热不能迅速传散，容易使切削刃烧伤并增大工件表面粗糙度。应选用黏度较小的乳化液和切削油，并应加大流量和压力，一方面进行冷却、润滑，另一方面把切屑冲洗出来。

2. 根据工件材料选用

钢件粗加工一般用乳化液，精加工用切削油。

铸铁、铜及铝等脆性材料，由于切屑碎末会堵塞冷却系统，容易使机床磨损，所以一般不加切削液。但精加工时为了减小表面粗糙度，可采用黏度较小的煤油或 7%～10% 乳化液。

切削有色金属和铜合金时，不宜采用含硫的切削液，以免腐蚀工件。切削镁合金时，不能用切削液，以免燃烧起火，必要时，使用压缩空气。

四、切削液的合理使用

1. 浇注切削液的方法

（1）切削中，产生的切削热主要分布在靠近刀尖附近，此处的温度特别高。使用切削液时，注意浇注在温度特别高的地方，即切削液要喷注在车刀刀尖和工件接触点的地方，不应只喷在车刀或工件上。

（2）削脆性材料（如铸铁）时，产生的切削热要少得多，另外，为防止脆性材料所形成的碎细切屑和切削液混合黏结在一起而影响加工，所以，切削脆性材料一般不使用切削液。

（3）始切削就立即供给，并且要充分。

（4）用硬质合金车刀切削，一般不用切削液，以防止合金刀片裂纹和损坏。

（5）加工中，目的是去掉毛坯上大部分多余金属，车削时产生的热量较多，所以，应使用冷却性能强的切削液，如乳化液、苏打水溶液、肥皂水溶液等；精加工时，为了降低工件表面粗糙度，应选用润滑性能强的润滑液，如硫化切削油、矿物油、混合油等；车削塑性变形大的工件，如硬铝等材料，可用煤油作切削液；用高速钢车刀加工不锈钢时，使用硫化切削油溶液。在车床上广泛使用的是乳化液，它适用于一般钢材、铸钢、铜、硅铝合金等材料的粗车和半粗车工作。

（6）切削液必须定期检查和更换。切削液在使用过程中，由于水分蒸发、脏物增多、浓度不断增高等原因，很容易变质，甚至出现异种味道。所以，应该定期取出少量切削液去化验和进行分析，按分析结果确定添加适当水分，如发现腐蚀现象，还须补加抗蚀剂（如碳酸钠、亚硝酸钠等）或者全部更换。

2. 切削液泵的使用

当切削液泵抽不上切削液时，应从以下几方面找原因：

· 切削液泵的电动机旋转方向不对；

· 切削液储存箱内积尘和污垢没清理，进水管堵塞；

· 切削液量不足；

· 切削液泵拆开后，在安装时把叶片位置颠倒了；

· 切削液的进水管已损坏。

3. 使用切削液注意事项

· 油状乳化液必须用水稀释（一般加90%~98%的水）后才能使用；

· 切削液必须浇注在切屑形成区和刀头上；

· 硬质合金刀具因耐热性好，一般不加切削液，必要时也可采用低浓度的乳化液，但切削液必须从开始切削就连续充分地浇注，如果断续使用，硬质合金刀片会因骤冷而产生裂纹。

每章一练

1. 车刀有哪几个主要的角度，作用分别是什么？

2. 常用车刀的种类和用途分别是什么？

3. 车外圆时，车刀刀尖如果装的高于工件轴线，对前后角有什么影响？

4. 背吃刀量、进给量和切削速度分别是什么？

5. 切屑的基本类型和特点分别是什么？

6. 切削液的作用是什么，如何选用？

第三章

轴类工件和端面的车削

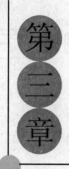

　本章概述

　　本章主要讲解了轴类工件和端面的装夹及车削的相关知识，并讲述了车削时的注意事项及产生废品的原因和预防措施。

　教学目标

1. 能正确选用和刃磨车削轴类零件的车刀。
2. 掌握车削轴类和端面零件的装夹方法。
3. 掌握车削轴类和端面工件的方法。
4. 了解轴类零件在车削中产生废品的原因和预防措施。

第一节　轴类工作概述

一、轴类工件的种类及技术要求

1. 轴类工件的种类与结构

轴类工件有一个共同特点是都具有外圆柱表面。按其用途可分为光轴、台阶轴、偏心轴和空心轴等，如图 3-1 所示。

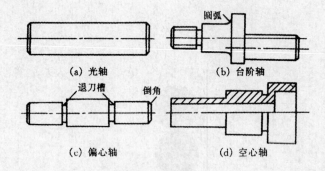

图 3-1　轴的种类

轴的主要表面有外圆柱面和端面，另外还有倒角、退刀槽及圆弧等。

2. 轴类零件的技术要求

（1）尺寸精度　主要包括直径和长度尺寸的精度。

（2）形状精度　包括圆度、圆柱度、直线度、平面度等。

（3）位置精度　包括同轴度、圆跳动、垂直度、平行度等。

（4）表面粗糙度　一般卧式车床车削中碳钢表面粗糙度值可达 $Ra1.6\mu m$。

（5）热处理要求　根据轴的材料和需要，常进行正火、调质、淬火、表面淬火及表面渗氮等热处理，以获得一定的强度、硬度、韧性和耐磨性等。一般轴常用 45 钢，若需要正火，常安排在粗车之前，调质常安排在粗车之后进行。

二、轴类工件的毛坯形式和车削余量

轴类零件可根据使用要求、生产类型、设备条件及结构，选用棒料、锻件等毛坯形式。对于外圆直径相差不大的轴，一般以棒料为主；而对于外圆直径相差大的阶梯轴或重要的轴，常选用锻件，这样既节约材料又减少机械加工的工作量，还可改善机械性能。根据生产规模的不同，毛坯的锻造方式有自由锻和模锻两种。中小批生产多采用自由锻，大批大量生产时采用模锻。

1. 毛坯形式

（1）网棒料　光轴或直径相差不大的台阶轴，一般常用热轧圆棒料毛坯。当成品零件尺寸精度与冷拉圆棒料相符合时，其外圆可不进行车削，这时可采用冷拉圆棒料毛坯。

（2）锻件毛坯　比较重要的轴，多采用锻件毛坯，由于毛坯加热锻打后，能使金属内部纤维组织沿表面均匀分布，从而得到较高的机械强度。

（3）铸造毛坯　少数结构较复杂的轴，如柴油机曲轴等，采用球墨铸铁或稀土铸铁铸造毛坯。

2. 毛坯的车削余量

为了得到零件上某一表面所要求的精度和表面质量，必须从毛坯表面切去全部多余金属层，称作该表面的车削余量。车削余量和车削前后尺寸的差量，零件尺寸和毛坯尺寸的差量称为毛坯余量。锻件毛坯余量应根据锻造方法及机械加工的要求来确定。

第二节　轴类工件的装夹

在车削加工前，需要把工件装夹在夹具上，经过找正和夹紧，使它在整个车削过程中始终保持正确的装夹位置。由于轴类零件形状及大小的差异和车削精度及数量的不同，因此，要采用不同的装夹方法。

一、以外圆为定位基准装夹

车削短轴（直径比 $L/D \leqslant 6$）可直接用卡盘装夹，用三爪自定心卡盘装夹不需找正工件。三爪自定心卡盘的结构如图3-2所示。

在卡盘上车削短轴有光轴、台阶轴（有单向和双向）。毛坯形式基本是热轧圆钢，但重要的主轴用锻件，有锯断的短料，也有 1m 左右长的棒料（$d < 20\text{mm}$ 以下轴），车削时由车工进行切断，见图3-3。一般精度短轴外圆，由精车作为最终工序。精度要求高的短轴，由车工进行预加工，留余量备磨。最终工序由磨削加工。下面举例进行车削加工分析，见图3-4。

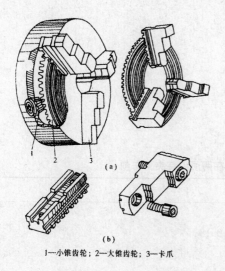

(a)

(b)

1—小锥齿轮；2—大锥齿轮；3—卡爪

图3-2　三爪自定义卡盘的结构

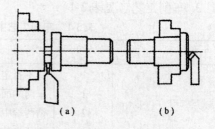

(a)　　　(b)

图3-3　短轴（棒料切断）

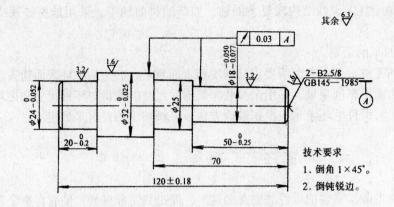

图 3-4　台阶轴

1. 车削要求

（1）精度要求 $\phi 32_{-0.025}^{0}$ mm、$\phi 24_{-0.052}^{0}$ mm、$\phi 18_{-0.077}^{-0.050}$ mm，其中 $\phi 32_{-0.025}^{0}$ mm 公差最小，$\phi 25$mm 属未注公差。长度公差有三处，120mm ± 0.18mm、$50_{-0.25}^{0}$ mm、$20_{-0.20}^{0}$ mm。

（2）表面粗糙度值　$Ra3.2 \sim 1.6\mu m$，其余 $Ra6.3\mu m$。

（3）位置精度要求　$\phi 32_{-0.025}^{0}$mm 和 $\phi 18_{-0.077}^{-0.050}$mm 对设计基准轴向圆跳动公差在 0.03mm 以内。

（4）材料种类 45 钢，毛坯 $\phi 34$mm × 123mm 棒料。

（5）加工数量 50 件。

2. 选用工、量、刃具

（1）量具

·外径千分尺 0 ~ 25mm、25 ~ 50mm。

·游标卡尺 0 ~ 150mm。

·百分表读数值 0.01mm。

（2）刃具

·90°车刀（YT15）。

·45°车刀（YT15）。

·中心钻（B2.5/8）。

3. 车削工艺（见表 3-1）

表 3-1　车削工艺中粗车和精车是在两顶尖装夹下车削

工序	工种	工步	工序内容
1 2	车		三不自定心卡盘装夹
		1	车两端面，总长至 120 ± 0.18
		2	钻两端中心孔 B2.5
		1	两顶尖装夹
		2	车 $\phi 18$、$\phi 25$、$\phi 32$，留精车余量 1 ~ 1.2
		3	长度尺寸 50、70 留余量 0.10 备精车
			调头车 $\phi 24$ 及台阶外圆，留精车余量 1 ~ 1.2
		4	按图样要求，车各节外圆至尺寸，长度至尺寸
			倒角 1 × 45°锐边倒钝

4. 车削工艺分析

（1）用两顶尖装夹粗车的缺点　支承点是顶尖，接触面积小，不能承受较大的切削力，影响 a_p、f、v_c 的提高。由于后顶尖处车削直径小，车刀副偏角与顶尖相碰，形成狭小刀头，对切削部分强度和散热面积有较大影响。因为车削短轴，尾座顶住工件，操作空间余地小，测量尺寸也不方便。

（2）在卡盘上装夹粗车的优点　夹紧力大，可提高切削用量，装夹和测量方便，提高生产效率。

①粗车在卡盘装夹步骤：

· 夹 $\phi32$mm 毛坯外圆，车 $\phi32$mm×55mm 外圆，留精车余量 1～1.2mm；

· 夹 $\phi32$mm 外圆，车 $\phi25$mm×70mm、$\phi18^{-0.050}_{-0.077}$mm 外圆，留精车余量 1～1.2mm，钻中心孔 B2.5mm；

· 夹 $\phi25$mm 外径，车总长 120mm±0.18mm，$\phi24^{0}_{-0.052}$mm×$20^{0}_{-0.20}$mm 外圆，留精车余量 1～1.2mm，钻中心孔 B2.5mm。

粗车采用 3 道工序结束，然后用两顶尖装夹进行精车。

②精车工序如下：

· 车 $\phi18^{-0.050}_{-0.077}$mm、$\phi25$mm、$\phi32^{0}_{-0.025}$mm 至尺寸；

· 调头车 $\phi24^{0}_{-0.052}$mm 至尺寸；

· 两端倒角 1×45°，其余锐边倒钝。

粗车时各段外圆只要留精车余量，全部采用刻度盘值控制尺寸。做到首件检验，中间抽验，减少测量径向尺寸。重点控制台阶尺寸，对轴向尺寸 70mm 也加以重视，调头车削时轴向 70mm 尺寸以它为定位基准。精车时轴向基本已到尺寸，台阶面只要修正一下（修正量一般在 0.10mm 左右，由粗车时预留）。重点掌握径向尺寸公差及表面粗糙度。而位置精度圆跳动 0.03mm 由于用两顶尖车削，并一次装夹车两段外圆，一般不会超差。在生产时工序内重点项目必须重视。

在粗车三道工序中，可以把 1、3 道工序内钻中心孔和车总长分离出来，改为 5 道工序，即车总长和钻两端中心孔 2 道工序。

工序分散优点：可以定位车削（如车 120mm±0.18mm），减少试切削和测量时间，使各工件车削尺寸一致，集中钻中心孔可以少移动尾座。

工序分散缺点：装夹次数增多，影响基准统一，增加辅助时间和劳动力。在夹具定位精度正确稳定条件下能满足设计基准要求。车工往往采用工序分散原则。

图 3-4 台阶轴如果是单件，粗车不必在三爪自定心卡盘上装夹。中心孔钻好后，直接采用两顶尖装夹加工。车削径向尺寸精度是预加工，留磨削余量，磨削是最终加工，也不必要在两顶尖装夹车削。但是三爪自定心卡盘的定心精度圆跳动在 0.05～0.08mm 之间，在生产车间内车工操作机床有两只卡盘，一只是三爪自定心卡盘，一只是四爪单动卡盘。

5. 径向尺寸精度控制

用试切削法和中滑板刻度值进行控制。

在精车时控制径向尺寸精度要注意以下几点：

· 切削刃要锋利，钝圆刀径小，达到背吃刀量在 0.05mm 左右能顺利切削；

· 中滑板丝杠螺母之间的间隙小，在微进刀时车刀也能进给；

· 床鞍、中、小滑板包括刀架无间隙松动现象。保证精车时背吃刀量稳定可靠。

6. 轴向尺寸控制

轴向尺寸比径向尺寸难控制（多数尺寸是未注公差）。轴向尺寸一般用床鞍刻度盘，但因其精度与中滑板刻度盘比相差太远，有的旧式车床还没有床鞍刻度盘，一般采用对刀—切痕—测量—调正的方法。

图 3-5、图 3-6 是轴向尺寸的控制和测量示意图。

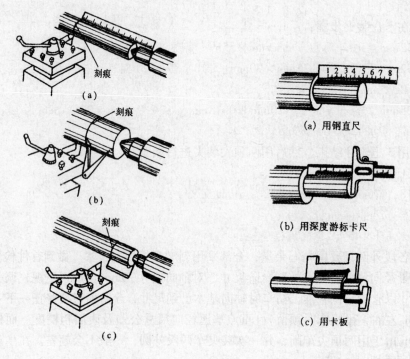

图 3-5　刻线痕控制轴向尺寸

图 3-6　轴向尺寸的测量

二、以两端中心孔为定位基准装夹

1. 中心孔作用

中心孔是轴类零件的定位基准。轴类零件的尺寸精度都是以中心孔定位车削的，而且中心孔能在各工序中重复使用，其定位精度不变。轴两端中心孔作为定位基准与轴的设计基准、测量基准一致，符合基准重合。顶两头装夹工件方便，定位精度高，因此在车削轴类零件时被普遍应用。

2. 中心孔的类型

中心孔是轴类零件车削时常用的并需反复使用的定位基准，合适的尺寸和准确的锥面并使两端中心孔保持同轴。国家标准 GB145—1985 已规定了中心孔的四种基本类型，见图 3-7 所示，中心钻见图 3-8 所示。

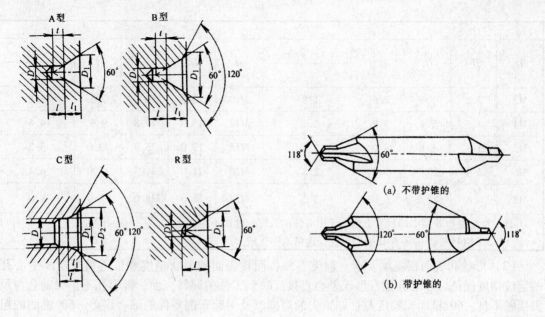

图 3-7 中心孔类型   图 3-8 中心钻

A 型用于不需要重复使用中心孔且精度一般的小型工件。B 型用于精度要求高，需多次使用中心孔的工件。C 型用于需在轴向固定其他零件的工件。R 型与 A 型相似，但定位圆弧面与顶尖接触，配合变成线接触，可自动纠正少量的位置偏差（此种中心孔极少使用）。

3. 钻中心孔的要求

（1）尺寸要求 中心孔尺寸以圆柱孔直径 d 为基本尺寸 d 的大小根据工件的直径或工件的重量，按国家标准来选用，见表 3-2 所示。

表 3-2 中心孔的尺寸

A 型

D	D_1	参考		D	D_1	参考	
		l_1	t			l_1	t
1.00	2.12	0.97	0.9	3.15	6.70	3.07	2.8
1.60	3.35	1.52	1.4	4.00	8.50	3.90	3.5
2.00	4.25	1.95	1.8	6.30	13.20	5.98	5.5
							8.7
2.50	5.30	2.42	2.2	10.00	2L20	9.70	

B 型

D	D_1	参考		D	D_1	参考	
		l_1	l			l_1	t
L00	3.15	1.27	0.9	3.15	10.00	4.03	2.8
1.60	5.00	1.99	1.4	4.00	12.50	5.05	3.5
2.00	6.30	2.54	1.8	6.30	18.00	7.36	5.5
2.50	8.00	3.20	2.2	10.00	28.00	11.66	8.7

续表

C 型				参考					参考
D	D_1	D_2	l	l_1	D	D_1	D_2	l	11
M3	3.2	5.8	2.6	1.8	M10	10.5	16.3	7.5	3.8
M4	4.3	7.4	3.2	2.1	M12	13.0	19.8	9.5	4.4
M5	5.3	8.8	4.0	2.4	M16	17.0	25.3	12.0	5.2
M6	6.4	10.5	5.0	2.8	M20	21.0	31.3	15.0	6.4
M8	8.4	13.2	6.0	3.3	M24	25.0	38.0	18.0	8.0

注：1. A 型和 B 型中的尺寸 1 取决于中心钻的长度，此值不应小于 t 值。

2. GB145—85 中还有 R 型中心孔，这里不作介绍。

（2）形状和表面粗糙度要求　轴类零件各回转表面的形状精度和位置精度全靠中心孔的定位精度保证，中心孔上有形误差会直接反映到工件的回转表面。锥形孔不正确就会与顶尖接触不良。60°锥面粗糙度差加剧顶尖的磨损以及引起车削零件的综合误差。60°锥面的粗糙度值最低标准 $Ra1.6\mu m$。

4. 中心孔的加工方法

直径 6mm 以下的中心孔通常用中心钻直接钻出。在较短的工件上钻中心孔时（图 3-9），工件尽可能伸出短些，找正后，先车平工件端面，不得留有凸台，然后钻中心孔。当钻至规定尺寸时，让中心钻停留数秒钟使中心孔圆整光滑。在钻削中应经常退出中心钻，加切削液，使中心孔内保持清洁。

在工件直径大而长的轴上钻中心孔，可采用卡盘夹持一端另一端用中心架支承，如图 3-10 所示。

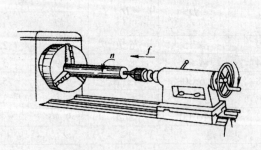

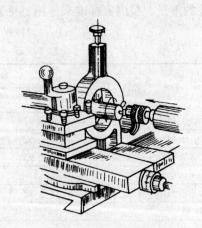

图 3-9　较短工件上钻中心孔　　　　图 3-10　长工件上钻中心孔

工件直径大或形状比较复杂，无法在车床上钻中心孔时，可在工件上先划好中心，然后在钻床上或用电钻钻出中心孔。

5. 中心钻折断的原因及预防措施

在车床上钻中心孔，中心钻折断的原因大致有下列几种：

·工件端面没有车干或中心处留有凸头，使中心钻不能准确定心而折断。

·中心钻没有对准工件旋转中心，使中心钻受到一个附加力而折断。这往往是由于车床

尾座偏位或钻夹头锥柄弯曲等原因造成的。所以，钻中心孔前必须严格找正车床尾座或将钻夹头转动一个角度来对准中心。

· 切削用量选择不当，如工件转速太低而中心钻进给量过快而使中心钻折断。中心钻直径很小，即使采用较高转速，其切削速度仍然不大。例如在 CA6140 卧式车床上，用 φ2mm 中心钻，车床主轴转速选 1 400r/min，其切削速度只有 0.147m/min。如果用低速钻中心孔，手摇尾座手柄进给的速度不容易控制，这时可能因进给量过大而使中心钻折断。

· 中心钻在使用过程中已磨损，强行钻入工件也容易折断中心钻。所以当发现中心钻磨损后应及时修磨或调换新的中心钻后继续使用。

· 没有浇注充分的切削液或没有及时清除切屑，致使切屑堵塞在中心孔内而挤断中心钻。所以钻中心孔时应经常浇注切削液并及时清除切屑。

钻中心孔虽然操作简单，但如果不注意，会使中心钻折断，给工件的车削带来困难，因此必须熟练掌握钻中心孔的方法。如果中心钻折断了，必须将断头从工件中心孔内取出，并修正中心孔后，才能进行车削。

6. 钻中心孔前准备工作

图 3-11　装夹中心钻

· 准备工件，并把工件装夹在三爪自定心卡盘上；

· 用端面车刀车两端面（车刀中心必须与机床轴线一致），截取总长尺寸；

· 选用中心钻，中心钻常用的有 A 型和 B 型两种，常用的规格为 1.5mm、2mm 和 3mm，使用时要检查型号和规格是否与图样要求相符；

· 将钻夹头柄部擦干净后放入尾座套筒内并用力插入圆锥面结合；

· 将中心钻装入钻夹头内，伸出长度要短些，用力拧紧钻夹头将中心钻夹紧，如图 3-11 所示；

· 移动尾座并调整套筒的伸出长度，要求中心钻靠近工件端面时，套筒的伸出长度为 50~70mm，然后将尾座锁紧；

· 选择主轴转速，钻中心孔主轴转速要高，$n > 1 000r/min$。

7. 钻中心孔的方法

（1）试钻　向前摇动尾座套筒，当中心钻钻入工件端面约 0.5mm 时退出，目测试钻情况如图 3-12 所示，判断中心钻是否对准工件的旋转中心。

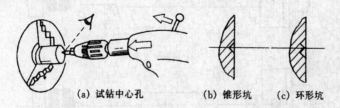

(a) 试钻中心孔　　(b) 锥形坑　　(c) 环形坑

图 3-12　试钻中心孔

当中心钻对准工件中心时，钻出的坑呈锥形，如图 3-12（b）所示。若中心偏移，试钻出的呈环形，如图 3-12（c）所示。如偏移较少，可能是钻头柄弯曲所致，可将尾座套筒后退，松开钻夹头，用手转动钻夹头，进行找止。如转动钻夹头无效，应松开尾座，调整尾座两侧的螺钉，使尾座横向位置移动，见图 3-13 所示。当中心找正后，两侧螺钉要同时锁紧。

（2）钻削方法　向前移动尾座套筒，当中心钻钻入工件端面时，速度要减慢，并保持均匀。加切削液，中途退出 1~2 次去除切屑。要控制圆锥 D_1 尺寸。当中心孔钻到尺寸时，先停止进给，再停机，利用主轴惯性使中心孔表面修圆整。在钻成批轴类的中心孔时，要求两端钻出的中心孔 D_1 尺寸保持一致，否则影响磨削工序的加工质量。

8. 两顶尖装夹车削轴类零件（如图 3-14 所示）

（1）两顶尖装夹的优点　定位精度高，可以多次重复使用定位精度不变，定位基准和设计基准、测量基准重合。磨削加工也是两顶尖定位，符合基准统一。而且装夹方便，加工精度高，保证加工质量。

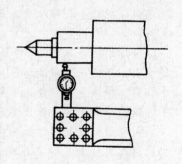

图 3-13　调整尾座的横向位置

（2）两顶尖装夹的缺点　顶尖面积小，承受切削力小，对提高切削用量带来困难，因此，车工粗车轴类零件时采用一夹一顶装夹方法，精车时采用两顶尖装夹。

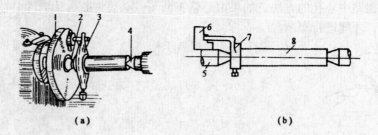

（a）　　　　　　　　　（b）

图 3-14　两顶尖装夹工件

1—拨盘；2、5—前顶尖；3、7—鸡心夹；4—后顶尖；6—卡爪；8—工件

三、一夹一顶装夹工件

采用一端用卡盘夹住，另一端用后顶尖顶住的装夹方法。为了防止工件由于切削力的作用而产生轴向位移，必须在主轴锥孔内装一个限位支承，或利用工件的台阶限位（图 3-15）。由于这种装夹方法较安全方便，能承受较大的进给力，装夹刚性好，轴向定位正确，所以在粗车及半精车时被广泛使用。

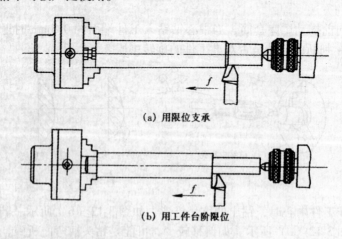

（a）用限位支承

（b）用工件台阶限位

图 3-15　一夹一顶装夹工件

1. 中心架的使用

一夹一顶车外圆，首先要在工件的一端面上钻出中心孔。调头车另一端面钻中心孔时，要使用中心架作支承，中心架的结构见图 3-16。

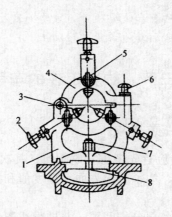

图 3-16 中心架的结构
1—主体；2、6、7—螺母；
3—支承爪；4—上盖；
5—螺钉；8—压板

2. 后顶尖

后顶尖有固定顶尖和回转顶尖两种。固定顶尖的刚性好，定心准确，但与工件中心孔之间因产生滑动摩擦而发热过多，容易将工件的中心孔或顶尖"烧坏"。因此只适用于低速车削精度要求较高的工件。

回转顶尖的结构如图 3-17 所示。这种顶尖将顶尖与工件中心孔之间的滑动摩擦改成顶尖内部轴承的滚动摩擦，能在很高的转速下正常工作，克服了固定顶尖的缺点，因此应用很广泛。但回转顶尖存在一定的装配积累误差，以及当滚动轴承磨损后会使顶尖产生径向圆跳动，从而降低了车削精度。

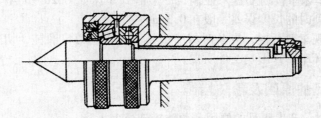

图 3-17 回转顶尖

车削备磨轴采用一夹一顶装尖方法时要注意以下几点：

· 三爪自定心卡盘的定心精度圆跳动在 0.05 ~ 0.08mm；

· 采用刻度盘控制径向和轴向尺寸时要加强检验，防止刻度数值的走动；

· 在车削刚性较好的轴，冲击振动不大，在批量生产中，车削钢件时，选用牌号 YT15 车刀，耐磨损；

· 解决好断屑问题；

· 回转顶尖转动精度要高，顶尖要完好；

· 轴上有倒角槽放在最后工序中车削；

· 当卡爪夹持已加工表面时，需垫铜皮，防止留下夹痕；

· 两端台阶刚性不一致时，先车刚性好的台阶，后车刚性差的台阶；

· 车削成批轴时，轴向要有定位，既承受进给力，又能使轴向尺寸有了定位基准；

· 车削前先分清台阶轴主要项目和次要项目，主要项目放在最后精车；

· 车削关键轴类零件时，应照顾其他工种工序加工。

第三节 轴类工件的车削

一、车削轴类工件时的注意事项

（1）粗车时选择切削用量，应首先考虑背吃刀量，其次是进给量，最后是切削速度。而精车时如果使用硬质合金车刀，为了减小表面粗糙度值和提高生产率，应尽量提高切削速度。

（2）粗车前，必须检查车床各部分的间隙，并进行适当的调整，以充分发挥车床的效能。床鞍和中、小滑板的塞铁，也须进行检查、调整，以防松动。此外，摩擦离合器及主轴箱传动带的松紧也要适当调整，以免在车削中发生"闷车"（由于负荷过大而使主轴停转）现象。

（3）粗车锻件和铸件时，因为表层较硬或有型砂等，为减少车刀磨损，最好先将工件倒一个角，然后选择较大的背吃刀量。

（4）粗车时，工件必须装夹牢固（一般应有限位支承），顶尖要顶住。在切削过程中应随时检查，以防工件移位。

（5）车削前，必须看清图样。车削时，及时测量，首件必须交检验、保证加工质量和防止成批报废。

（6）车削台阶轴时，要兼顾外圆的直径尺寸和台阶的长度尺寸。尤其是多台阶轴，必须按图样找出正确的测量基准，以便准确地控制台阶的长度尺寸。控制台阶长度尺寸的方法很多，生产中常用车床床鞍刻度盘来控制，一般卧式车床如 C620 - 1 型车床床鞍的刻度盘一格等于 1mm，车削时的长度误差一般在 0.3mm 左右。

（7）车削中发现车刀磨损，应及时刃磨或换刀，否则刃口磨钝，切削力大大增加，会造成"闷车"或损坏车刀并影响工件质量。

二、产生废品的原因及预防措施

轴类零件车削时，产生废品的原因及预防措施见表 3-3。

表 3-3　车削轴类零件时产生废品的原因及预防措施

废品种类	产生原因	预防措施
尺寸精度达不到要求	1. 操作者粗心大意，看错图样或刻度盘使用不当 2. 没有进行试切削 3. 量具有误差或测量不正确 4. 由于切削热的影响，使工件尺寸发生变化	车削时必须看清图样尺寸要求，正确使用刻度盘，看清刻度值 根据加工余量算出背吃刀量，进行试切削，然后修正背吃刀量 量具使用前，必须仔细检查和调整零位，正确掌握测量方法 不能在工件温度较高时测量，如果测量，应先掌握工件的收缩情况，或浇注切削液，降低工件温度

产生锥度	1. 用一夹一顶或两顶尖装夹工件时，由于后顶尖轴线不在主轴轴线上 2. 用小滑板车外圆时产生锥度，是小滑板位置不正，即小滑板刻线与中滑板上的刻线没有对准"0"线 3. 用卡盘装夹工件纵进给车削时产生锥度是由于床身导轨与主轴轴线不平行 4. 工件装夹时悬臂较长，车削时因背向力影响使前端让开，产生锥度 5. 刀具中途逐渐磨损	车削前必须找正锥度 必须事先检查小滑板的刻线是否与中滑板刻线的"0"线对准 调整车床主轴与床身导轨的平行度 尽量减少工件的伸出长度，或另一端用顶尖支顶，增加装夹刚性 选用合适的刀具材料；或适当降低切削速度
圆度超差	1. 车床主轴间隙太大 2. 毛坯余量不均匀，在切削过程中背吃刀量发生变化 3. 工件用两顶尖装夹时，中心孔接触不良，或后顶尖顶得不紧，或前后顶尖产生径向圆跳动	车削前检查主轴间隙，并调整合适，如主轴因磨损太多而间隙过大，则需修理主轴和轴承 分粗车、精车 工件在两顶尖间装夹必须松紧适当。若回转顶尖产生径向圆跳动，须及时修理或更换
表面粗糙度达不到要求	1. 车床刚性不足，如滑板镶条过松，传动零件（如带轮）不平衡或主轴太松引起振动 2. 车刀刚性不足或伸出太长引起振动 3. 工件刚性不足引起振动 4. 车刀几何形状不正确，例如选用过小的前角、主编角和后角 5. 低速切削时，没有加切削液 6. 切削用量选择不恰当	消除或防止由于车床刚性不足而引起的振动（例如调整车床各部分的间隙） 增加车刀的刚性和正确装夹车刀 增加工件的装夹刚性 选择合理的车刀角度（如适当增大前角，选择合理的后角） 低速切削时应加切削液 进给量不宜太大，精车余量和切削速度应选择适当

第四节　端面的车削

车端面情况如图 3-18 所示。图 3-18（a）是使用 90° 偏刀自中心朝外圆方向（自里向外）车端面；图 3-18（b）是使用 75° 偏刀自外圆朝中心方向（自外向里）车端面。

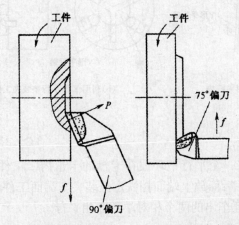

（a）自中心朝外圆方向进刀　（b）自外圆朝中心方向进刀

图 3-18　偏刀车端面

一、车端面时工件装夹定位和找正

车削端面的要点是要保证相对两端面互相平行，这在装夹工件时，一般先确定出一个定位基准面，再将工件夹紧。

由于端面工件的尺寸形状以及定位面不同，所以，各种端面类工件在车床上的装夹方法也不一样，其主要装夹形式如下：

1. 以端面为定位基准面装夹工件

以端面为定位基准面，通常是利用三爪自定心卡盘上的平面作为定位基准面或利用卡爪上的平面定位来安装工件，如图 3-19 所示。如果被夹持长度小于卡爪的长度，常在卡盘平面内与工件端面之间辅以适当厚度的平行垫。图 3-20 中是将一个 Y 形平行垫放在卡盘和工件之间，使工件端面紧贴 Y 形垫平面，这样将工件夹紧后，车出的两端面是平行的。

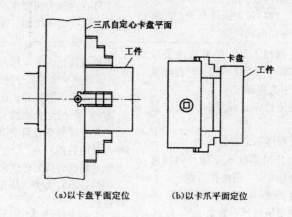

图 3-19　以卡盘端面定位装夹工作

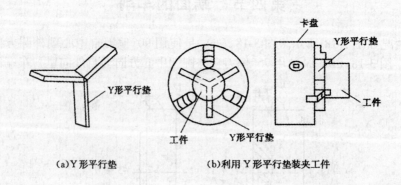

图 3-20　Y 形平行垫定位装夹工件

图 3-21（a）所示是将一个平行钢环放在卡盘的卡爪内，工件端面靠在钢环的端面上，图 3-21（b）所示是在工件后面放上端面挡铁定位装夹车端面工件。利用这几种方法都能起到较好的定位效果，可保证车出的两个相对端面互相平行。

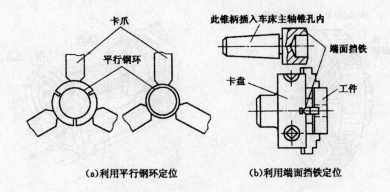

(a)利用平行钢环定位　　　　　(b)利用端面挡铁定位

图 3-21　利用平行钢环或端面挡铁定位

2. 以外圆为定位基准面装夹工件

（1）常用装夹方法　车端面中，以外圆定位能够保证被加工端面与夹持面之间的垂直度，所以，这类工件常利用三爪自定心卡盘进行装夹。采用这种装夹方法，当工件厚度小于卡爪的宽度时，为了使工件端面与主轴中心线垂直，通常是将一个铜棒安装在刀架上，如图 3-22 所示，先将工件轻轻夹紧，然后开动车床，使工件转动，并使刀架上铜棒逐渐轻轻接触工件，这样，工件边旋转，边受铜棒的挤碰，工件位置就会逐渐正确，接着停止主轴转动，再将工件用力夹紧，即可开车车端面。

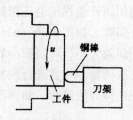

图 3-22　利用铜棒找正工件

如果工件的直径尺寸较大，可将三爪自定心卡盘反装来装夹工件，如图 3-23 所示。在不便于使用三爪自定心卡盘装夹情况下，可利用四爪单动卡盘，如图 3-24 所示安装工件，由于它的夹紧力较大，可以承受较重的工件。但四爪单动卡盘在装夹过程中需根据工件直径单独调整卡爪，所以不如三爪自定心卡盘操作方便。不过若调整得好，其装夹精度比三爪自定心卡盘高。

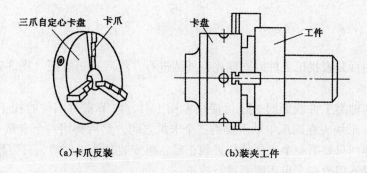

(a)卡爪反装　　　　　　　(b)装夹工件

图 3-23　卡盘卡爪反装装夹工件

被夹持工件较长时，可采用图 3-25 所示方法，工件另一端使用中心架支承起来，车好外圆和一个端面后，再翻过来车削另一个端面。

图 3-24　四爪单动

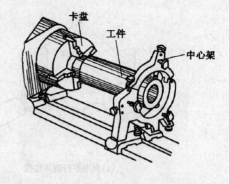

图 3-25　中心架安装长工件车端面

（2）装夹中的工件找正　在四爪单动卡盘上装夹大轴件时需要进行找正。对于毛坯粗糙的工件，找正时使用划针盘，对于经过粗加工或精度较高的表面，找正时使用百分表。

使用划针盘找正毛坯粗糙外圆时，先让划针稍微离开工件外圆周面，使划针与工件表面间留有间隙，如图 3-26（a）所示，然后使工件慢慢转动，观察划针盘的划针尖与工件表面之间的间隙大小，对间隙小的地方就拧紧卡爪，若间隙大，就放松卡爪，按照这样的步骤，经过几次调整，一直进行到使划针尖和工件表面间的间隙均匀相等为止。找正工件端面时，也按照同样方法进行，如图 3-26（b）所示。

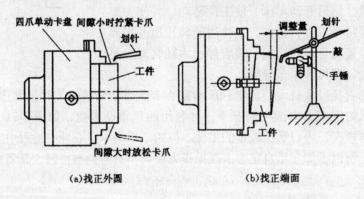

（a）找正外圆　　　　　　　　　（b）找正端面

图 3-26　划针盘找正工件

精车时使用百分表找正工件时同样先在外圆进行，然后找正端面（图 3-27），并且要注意同时兼顾。

大批量车削轴类工件端面时，还可使用专用工具，以节省对工件的找正时间。图 3-27 所示是将一个 V 形块夹在四爪单动卡盘的三个卡爪之间，然后利用一个卡爪（图中卡爪 A）夹紧工件。这样，只要第一个工件的位置找正后，再安装其他工件时，只需移动卡爪 A，而其他卡爪的位置不用改变，也不需要进行找正。

车削非轴类工件的端面时，装夹前一般先在端面划出线印（图 3-28），先使用划针盘将工件的端面位置找平，然后再将圆周线印找正。

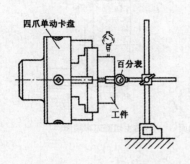

图 3-27　百分表找正文件

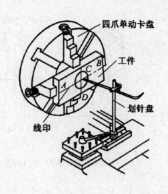

图 3-28　找正非轴类工件的端面

3. 以内圆为定位基准装夹工件

车削有孔的盘形和套筒类工件的端面时，可使用心轴进行装夹，如图 3-29 所示，它以内孔定位，拧紧螺母将工件夹紧。利用这种装夹方法加工后，可以保证工件端面与中心线的垂直，又能保证内外圆同轴。

心轴的结构形式很多，图 3-30 所示是常用的圆柱心轴组合，适用于加工精度要求不高的工件，使用时，工件安装在心轴中间圆柱面上，拧紧螺母可将工件夹紧。

装夹精度要求较高的工件时可使用图 3-31 所示

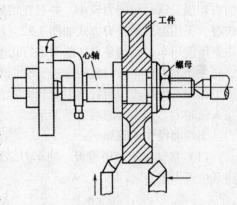

图 3-29　利用心轴装夹有孔工件

胀紧式心轴，它在安装工件的心轴中部有 1∶5 000 ～ 8 000 的锥度，可胀衬套穿在心轴上，在圆盘上有四个孔，可胀衬套的每一办以小凸起分别插进圆盘的四个孔内，并用弹簧连接在一起。当拧动螺母时，推动可胀衬套胀开，将工件紧固。这种胀紧式心轴改善了安装有孔工件时的精确定心问题。

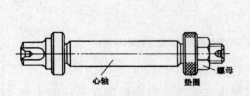

图 3-30　圆柱心轴组合

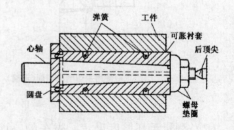

图 3-31　胀紧式心轴装夹

二、端面车削方法和注意事项

1. 端面车削方法

车削面积较大的端面和倒角时，一般使用主偏角 45°弯头车刀，如图 3-32 所示；在既车端面又车外圆的加工中，一般使用主偏角 90°的车刀。

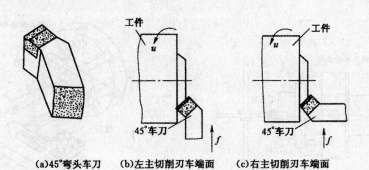

(a)45°弯头车刀　　(b)左主切削刃车端面　　(c)右主切削刃车端面

图 3-32　45°车刀及其车端面

前面谈到，车端面时的进刀方式有两种，一种是使用90°偏刀由工件中心朝外圆方向进刀，另一种是由工件外圆向中心方向进刀。第一种进刀方式如图 3-32（a）所示，它是主切削刃切削，这时切削力较小，并且在切削力的作用下刀尖离开端面，车出的端面平直，质量较好。采用第二种进刀方式如图 3-32（b）和图 3-33 所示，这样的切削形式也比较好，但要注意所使用车刀必须是主切削刃进行切削，如图 3-33（a）所示，如果像图 3-33（b）所示那样主切削刃在车刀刀头的左边，车端面是使用副切削刃进行切削，这时，刀尖在切削力作用下指向工件端面，当背吃刀量较大时，刀尖容易扎入端面，并且，越接近工件中心，刀尖扎入量越大，使车出的端面呈凹形。

车端面操作步骤如下：

（1）移动溜板和中滑板　使车刀靠近工件端面后，拧紧溜板紧固螺钉，如图 3-34 所示，将其位置固定。

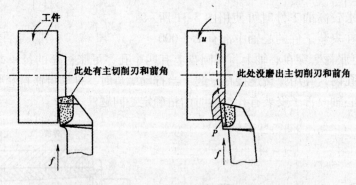

(a)使用主切削刃切削（正确）　　(b)使用副切削刃进行切削（错误）

图 3-33　由工件外圆朝中心进刀

（2）测量毛坯厚度尺寸　先车的一面尽量少车去些，将余量留在另一面去车，防止加工余量不够。车端面前应先倒角，并防止因表面硬层而损坏刀尖。

（3）摇动中滑板手柄车端面　手动进给速度要均匀，背吃刀量可用小滑板刻度盘进行控制。

（4）端面车出后，接着对端面进行精度检查使用钢直尺或刀口直尺检查端面的平面度。对表面粗糙度有严格要求的端面，车削后按照第一章第二节中的有关介绍进行检验。

2. 车端面应注意事项

车端面应注意事项除了前面已介绍外，还需做好以下几点：

（1）车端面安装车刀时　注意使刀尖对准工件中心，这样才能将端面车平。刀尖如果高于工件中心或低于工件中心，车出的端面都会在中心处留有凸头，甚至崩碎车刀刀尖。这方面情况与图3-30所示是一致的。

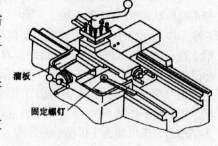

（2）车端面时　应注意拧紧溜板处的固定螺钉（图3-34），这样，切削中使溜板的位置固定不动（需要增加背吃刀量时移动小滑板），这样才能保证被加工端面的平直。

（3）当工件端面倾斜或加工余量不均匀时　一般采用手动进给；若背吃刀量较小且加工余量均匀，可用自动进给。用自动进给，当车到离工件中心较近时，应改用手动慢慢进给，以防车刀崩刃。

图3-34　拧紧螺钉固定溜板位置

（4）车端面时　由于越接近端面的边缘处切削速度较高，而靠近轴线处切削速度较低，这时，车削过程中的切削速度也是变化的，不容易车出表面粗糙度值低的表面，因此车端面时，主轴转速应比车外圆的转速选得稍高一些。

三、端面上沟槽的车削

工件端面上的沟槽如图3-35所示。

1. 车端面直槽

车端面直槽的情况如图3-36所示。切削前，在工件不转动情况下，使用钢直尺或游标卡尺量出直槽在工件上的位置，如图3-37所示，然后，移动溜板使车刀前端主切削刃浅浅切入工件端面，接着退出车刀，测量直槽外侧（或内侧）的直径（或槽宽度）尺寸，若尺寸正确，正式进行车削。精度较高的直槽，要求粗车和精车，粗车时留出精车余量。需要倒角的直槽，将直槽车到尺寸后，换上尖刀在直槽的两侧面倒去锐角。

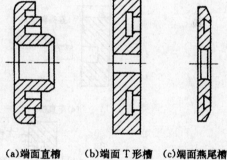

(a)端面直槽　　(b)端面T形槽　　(c)端面燕尾槽

图3-35　工件端面沟槽

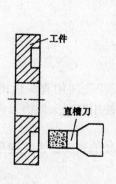

图3-36　车端面直

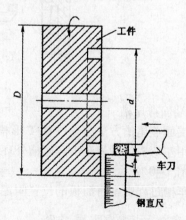

图3-37　钢直尺量出沟槽

端面上较宽的直槽，车削前使用钢直尺量出直槽位置后，分段将槽车出，粗车时留出精车余量如图3-38所示。

车端面直槽所使用车刀与图 3-38（b）基本相同。

2. 车端面 T 形槽

车端面 T 形槽需要分三个工步，并使用三种不同形状的切槽刀进行加工。第一工步如图 3-39（a）所示，使用直头切槽刀车出端面直形槽。直头切槽刀的侧面注意磨出图 3-39（b）所示的弧面形状。第二工步如图 3-39（b）所示，它使用左弯头切槽刀，车出端面 T 形槽的外环槽。第三工步如图 3-39（c）所示，它使用右弯头切槽刀，车出端面 T 形槽的内环槽。

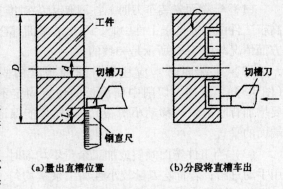

(a) 量出直槽位置　(b) 分段将直槽车出

图 3-38　车端面上宽直槽

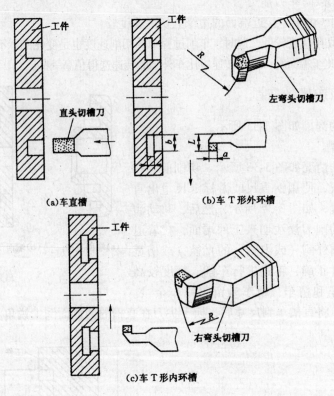

(a) 车直槽　(b) 车 T 形外环槽

(c) 车 T 形内环槽

图 3-39　车端面 T 形槽

3. 车端面燕尾槽

车削端面燕尾槽方法与车端面 T 形槽类似。第一工步先使用直头切槽刀车出直槽，第二工步使用左弯头切槽刀车出燕尾槽外环槽，第三工步使用右弯头切槽刀将燕尾槽的内环槽车出，如图 3-40 所示。

端面车槽过程中常将溜板的位置固定，利用小滑板处的刻度盘去掌握车沟槽深度。

四、车端面时的质量缺陷

1. 车端面越靠近中心，被切削表面越粗糙

车端面中通过中滑板横向进给，车刀按一定大小的进给量向前送进，这时在端面上所走出的路径不是一个圆圈，而是一条阿基米德螺旋线，并且，车刀越靠近工件中心，螺旋线越

倾斜，弯曲半径越小，切削时的实际后角变化越大。所以，车刀后面与已加工表面的摩擦大，提高了被切削表面的粗糙度值。

由于以上情况，车端面在磨刀时可适当加大车刀的后角，以抵消车削过程中后角变化的影响。与此同时，车削时实际前角的变化对车端面反倒有利，因为前角增大了，切削起来更省力。

车端面时车刀越接近中心，被切削直径就会越小。由于在主轴转速不变的情况下，被车削直径越小切削速度越低，这时，随着车刀由外向里的径向进给，切削速度的逐渐降低，因而增加了被加工表面的粗糙度值。

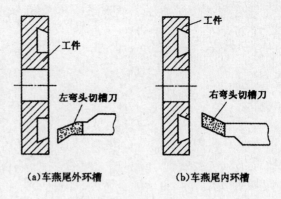

图 3-40　车端面燕尾槽

2. 车出的端面出现凹心

端面车出后，当用平直尺检查时发现有凹心现象，如图 3-41 所示，形成这种缺陷的主要原因除了图 3-41 所介绍情况外，还有是在车削过程中溜板没有紧固，出现横向进给时溜板趋向主轴方向位移，而使车刀渐渐扎入工件内。所以，车端面进给时，一定要锁紧溜板上的固定螺钉（图 3-42）。

端面出现凹心的另一个原因是因为中滑板进给方向与主轴回转中心线间的夹角 $\beta > 90°$，是中滑板导轨逆时针方向偏斜造成的；若 $\beta < 90°$，车出的端面会出现凸心现象，如图 3-42 所示。

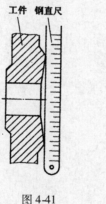
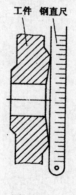

图 4-41　　　　　　　　图 4-42

1. 轴类零件的常见种类和技术要求是什么？
2. 在车削轴类零件时，常用的装夹方法是什么，分别有什么特点？
3. 车削轴类零件的注意事项是什么？
4. 中心钻折断的原因是什么？
5. 如何防止车端面时的质量缺陷？

第四章

套类零件的车削

本章概述

本章讲解了套类零件加工的技术要求和特点，套类零件的装夹和车削的相关知识，花费篇幅不少，是需要重点把握的部分。

教学目标

1. 能够根据不同的材料选择合适的麻花钻进行钻孔。
2. 掌握车孔技术，合理选择切削用量。
3. 掌握在车床上铰孔的方法。
4. 掌握正确测量内孔。

第一节　套类零件的技术要求和车削特点

一、孔的分类

套类零件是指带有孔的零件，带有孔有下列几种：

（1）紧定孔　这种孔是用来穿插螺栓、螺钉的。它的孔要求不高，一般在4.5级精度以下。

（2）回转体零件上的孔　如阶台孔、光滑孔、一般套筒的法兰盘都是这种孔。有些孔是锥形的，有些孔内有构槽。这种孔精度在2～3级。

（3）箱体零件上的孔　床头箱轴承孔等，这种孔精度要求较高，一般精度在2级或2级以上。套类零件上作为配合的孔，一般都要求较高的尺寸精度（IT7～IT8）、较细的表面粗糙度（$Ra2.5～0.2\mu m$）和较高的形位精度。

二、套类零件的技术要求

套类零件一般由外圆、内孔、端面、台阶和沟槽等组成，这些表面不仅有形状精度、尺寸精度和表面粗糙度的要求，而且位置精度要求较高，有的零件壁较薄，加工中容易变形。而套类零件的加工主要靠车削加工，保证加工精度是车削套类零件首要解决的问题。套类零件主要的技术要求是：

- 孔与外圆一般具有较高的同轴度要求；
- 端面与孔轴线（亦有外圆的情况）的垂直度要求；
- 内孔表面本身的尺寸精度、形状精度及表面粗糙度要求；
- 外圆表面本身的尺寸、形状精度及表面粗糙度要求等。

三、套类零件的加工特点

套类零件主要是圆柱孔的加工比车削外圆要困难得多，因为：

- 孔加工是在工件内部进行的，观察切削情况很困难，尤其是孔小而深时，根本无法观察；
- 刀杆尺寸由于受孔径和孔深的限制，不能做得太粗，又不能太短，因此刚性很差，特别是加工孔径小、长度长的孔时，更为突出；
- 排屑和冷却困难；
- 圆柱孔的测量比外圆困难。

另外，加工时必须采取有效措施来达到套类零件的各项形位精度。当工件的壁厚较薄时，加工时容易变形，加工更困难。

第二节　钻孔

利用钻头将工件钻出孔的方法称为钻孔。钻孔的公差等级为IT10以下，表面粗糙度为$Ra12.5\mu m$，多用于粗加工孔。在车床上钻孔如图4-1所示，工件装夹在卡盘上，钻头安装在尾架套筒锥孔内。钻孔前先车平端面并车出一个中心坑或先用中心钻钻中心孔作为引导。钻孔时，摇动尾架手轮使钻头缓慢进给，注意经常退出钻头排屑。钻孔进给不能过猛，以免折断钻头。钻钢料时应加切削液。

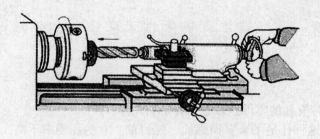

图 4-1　车床上钻孔

一、钻孔中使用的麻花钻头

麻花钻头一般用整体高速钢制成，低速钻削和在一般材料上钻孔时常使用麻花钻头，高速钻削和在难加工材料（如淬火钢、高锰钢等）上钻孔时常使用硬质合金钻头。

1. 麻花钻头的结构

麻花钻头的结构如图 4-2 所示，它有锥柄和直柄两种，直柄用于直径 14mm 以下的钻头。

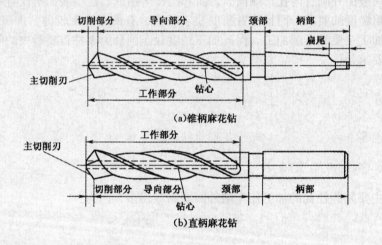

图 4-2　麻花钻头的结构

花钻头主要由柄部和工作部分组成。柄部是钻头的夹持部分，装夹时起定心作用；锥柄钻头的扁尾用以传递钻孔时所需的转矩。钻头的工作部分又大致分为切削部分和导向部分。切削部分的两条对称螺旋槽与切削部分顶端的两个后面形成主切削刃；导向部分在切削部分切入工件后起导向作用，为了减少导向部分与钻孔孔壁的摩擦，其外径从切削部分向后逐渐减小。为了保证钻头有一定强度和定心作用，就需要有钻心，麻花钻头的钻心越向柄部越厚，如图 4-3 所示。

2. 麻花钻切削部分的组成和主要几何角度

麻花钻的切削部分可以看成是由正、反两把车刀组成，钻头的前面、主后面、副后面、主切削刃和副切削刃都各有两个，并有一个横刃，如图 4-4 所示。

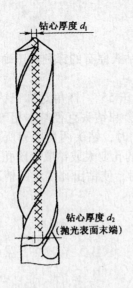

钻心厚度 d_1

钻心厚度 d_2
（抛光表面末端）

图 4-3　麻花钻头钻心厚度的变化

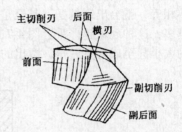

主切削刃　后面
横刃
前面
副切削刃
副后面

图 4-4　麻花钻切削部分的组成

麻花钻的主要几何角度包括螺旋角、锋角、前角、后角、横刃斜角等，如图 4-5 所示。

（1）螺旋角 β　钻头上的螺旋角是指螺旋槽上最外缘的螺旋线展开成直线后与钻头轴线之间的夹角。麻花钻上外径处螺旋角最大，越靠近中心，螺旋角越小。麻花钻上的螺旋角在制造钻头时就已经固定了，使用中不能改变。标准麻花钻的螺旋角为 18°～30°。

（2）锋角（顶角）φ　锋角是两个主切削刃间的夹角。锋角越小，主切削刃越长，钻孔中钻头容易切入工件，有利于散热和提高刀具寿命；若锋角过小，则钻头强度减弱，钻头易折断。因此，应根据工件材料的强度和硬度来刃磨合理的锋角。钻软金属材料时可取 $\phi_4 = 100°$ 左右，钻硬金属材料时可取 $\phi = 135°$ 左右。标准麻花钻的锋角 φ 为 118°±20°。

（3）前角 γ　由于麻花钻的前面是螺旋面，所以主切削刃上各点的前角也是变化的。从钻头外圆到中心，前角逐渐减小，外部钻尖处前角约为 30°，大约在钻头外径的 1/3 处，前角开始变成负值，靠近横刃处则为 −30° 左右。

（4）后角 α　后角一般是在以钻心为轴心线的圆柱截面内测量。

麻花钻后角也是变化的，外圆处的后角通常取 8°～14°，横刃处的后角取 20°～25°。麻花钻的后角如果太大，使钻刃薄弱，容易崩刃和变钝。

（5）横刃斜角 φ　它是主切削刃与横刃在垂直于钻头轴线的平面上投影的夹角。当麻花钻后面磨出后，中自然形成。当刃磨的后角小时，横刃斜角令增大，则横刃长度和轴向抗力减小。标准麻花钻的横刃斜角为 50°～55°。

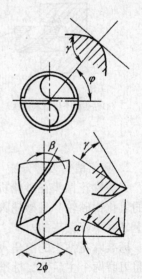

图 4-5　麻花钻主要几何角度

二、麻花钻头的刃磨

钻孔是一种半封闭式切削，所以切屑、钻头与工件间摩擦很大，钻孔中产生大量热量，切屑不易排出以致切削液难以浇注到切削区，使传出热量少，切削温度升高，导致钻头磨损

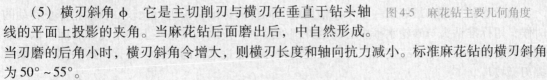

加剧。钻头磨损后就需要进行刃磨。

1. 麻花钻头刃磨要求

刃磨麻花钻头就是将钻头上的磨损处磨掉，恢复麻花钻头原有的锋利和正确角度。麻花钻头刃磨后的角度是否正确，直接影响到钻孔质量。

花钻头刃磨后必须保证后角的正确，并使横刃斜角等于55°，锋角对称于钻头轴心线。只有这样，两主切削刃才会相等并且对称，钻出的孔径才会和钻头直径基本相等，如图4-6所示。若锋角和切削刃刃磨得不对称（即锋角偏了），钻削时，钻头两切削刃所承受的切削力也就不相等，就会出现偏摆，甚至是单刃切削，使钻出的孔变大或钻成台阶孔，并且，顶角偏得越多，这种现象越严重。图4-7所示是钻头不正确时，使钻出孔变大的情况。若钻头后角磨的太小甚至成为负后角，磨出的钻头就不能使用。

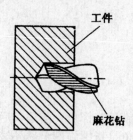

图 4-6　钻头刃磨不正确使孔扩大

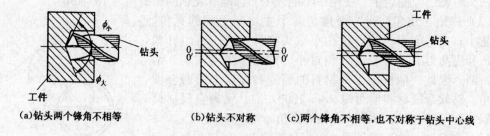

(a)钻头两个锋角不相等　　　(b)钻头不对称　　　(c)两个锋角不相等,也不对称于钻头中心线

图 4-7　钻头刃磨不正确使孔扩大

2. 麻花钻头刃磨方法

刃磨麻花钻头在砂轮机上进行，使用的砂轮粒度一般为46～80目，硬度最好采用中软级的氧化铝砂轮。且砂轮圆柱面和侧面要平整，砂轮在旋转中不得跳动。在跳动很厉害的砂轮上是磨不好钻头的。

标准麻花钻头的前角 γ 是由钻头上的螺旋角来确定的，一般不去磨它。刃磨麻花钻头只需刃磨两个主后面，标准麻花钻的锋角 2ϕ、后角 α 和横刃斜角 ψ，这三个角度通过刃磨麻花钻头的两个后面一起磨出来。

初学磨钻头时，最好拿一个未经使用过的同样的标准钻头进行比较。在砂轮停止转动的时候，用标准钻头与砂轮水平中心面的外圆处接触，按照标准钻头上的角度和后面，以刃磨的姿势缓慢转动，并始终使钻头与砂轮之间接合，通过这样的一比一磨，一磨一比，就能掌握刃磨技巧。

刃磨时，右手握住钻头的头部，使钻头的主切削刃成水平，钻刃轻轻地接触砂轮水平中心面的外圆，如图4-8所示，即磨削点在砂轮中心的水平位置。钻头中心线和砂轮面成 ϕ 角（锋角一半角度），右手握住钻头前端，搁在砂轮支架上作为支点；另一手握紧钻柄，以支点为圆心把钻尾往下压，做上下摆动约等于钻头后角，同时顺时针转动约45°。转动时有意

识地逐步加重手指的力量，将钻头压向砂轮，这一动作要协调，当动作做完时，钻头的一个后面，即第一条主切削刃就磨出来了。

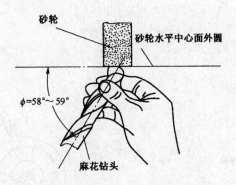

砂轮

砂轮水平中心面外圆

φ=58°～59°

麻花钻头

图 4-8 麻花钻头后面刃磨

在这里要注意的是，钻头开始接触砂轮时，钻柄一定不能高过砂轮水平中心面，否则会产生负后角，造成不合格。但后角也不能磨得太大，也就是钻尾往下压时，手指的力量不要加得过重。磨钻头时，不要让钻头的后面先接触砂轮，而后磨主切削刃。这种使钻刃最后离开砂轮的磨法不好，因磨削过程中的热集中到刃口，会使刃口退火。正确的磨法是主切削刃先接触砂轮，磨向后面。钻刃瞬时接触砂轮后，迅速离开，砂轮高速旋转的风会进一步把它吹冷，保护了它的硬度。

前面讲到，标准麻花钻头的锋角要对称，两个主切削刃刃长要相等，对于钻头来说，这一点很重要。要使钻头磨得对称，关键是磨出一个后面和一条刀刃后翻转180°，再磨第二个后面和刀刃，这时，其空间位置保持不变。因此，握钻头的右手要靠在砂轮机的隔板上（没有隔板时，要有个支承点），以保持准确的位置。磨好一边后，在不改变身体任何姿势的情况下，把钻头挪转180°，再磨另一边。

在刃磨过程中，为了防止钻头退火，不能把钻头过分贴紧在砂轮上，这是为了使磨削的温度不至于太高。此外，还应该把钻头经常浸入水中冷却。

3. 钻头刃磨后的检查

怎样才能知道磨出钻头的主切削刃对称，不是一刃长一刃短呢？常采用的方法一般是目测法，就是把钻头竖起来，摆在自己双眼的正前方，仔细观察。这时背景要清晰，可对着白色的墙壁或在墙上贴一张白纸。由于主切削刃一前一后，产生了视差，看时会感到左刃高右刃低。看清一面后，把钻头挪转180°再看，这样反复几次，看到的感觉相同，钻头便基本磨对称了。不过这个目测需要有一定经验才行，对于初学者，麻花钻磨好后，最好使用专用样板进行检查，图 4-9 中的 Ⅰ、Ⅱ、Ⅲ 代表了麻花钻头锋角的不同角度，在样板上同时刻出了刻度，这样在检查时，如果两个锋角与样板上角度相吻合，且两个主切削刃长度与样板上的刻度都相一致，说明磨出的钻头主切削刃是对称的。对于直径尺寸较大或对称性要求较高的钻头，可以通过试切削的方法开车钻一下，如果两刃同时出同样的切屑，则证明两主切削刃对称了；如果出屑不一致或一边出屑一边不出屑，可把钻头取下来，根据主切削刃上的痕迹修磨，以达到对称为止。

麻花钻头磨好后，在缺少图 4-9 所示的专用样板时还可用万能角度尺检查两个主切削刃的对称性。检查时把角度尺放在钻头的一个主切削刃上，测出角度和主切削刃长度，如图 4-10 所示，然后把钻头转180°，再量另一个主切削刃。如果两次测量得到的数值相等，就说明两个主切削刃已经磨对称了。

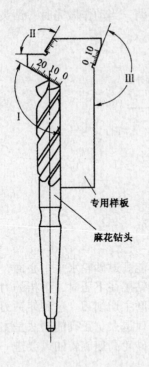

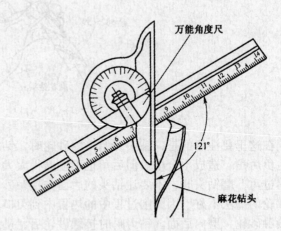

图 4-9　检查麻花钻头锋角　　　　　图 4-10　万能角度尺检查钻头主切削刃

三、麻花钻头在车床上的装夹

车床上钻孔时，麻花钻头的装夹方法主要有两种：一种是安装在刀架上，另一种是安装在尾座上。

1. 将钻头安装在刀架上

直柄钻头可直接装夹在 V 形铁内，如图 4-11 所示，再将 V 形铁安装在刀架上，对正工件的回转中心后，即可进行钻孔。

使用 V 形铁在刀架上安装麻花钻头时，钻头直径不宜太大，并且，进给量也不宜过大，这是因为受刀架上紧固螺钉夹紧力的限制，这样可防止钻孔过程中钻头位置挪动。当需要钻大孔时，可先用小直径钻头钻出个底孔，然后换上大钻头，将孔扩钻到所要求尺寸。

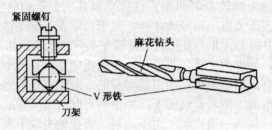

图 4-11　装夹直柄钻头

2. 将钻头安装在尾座上

在尾座上安装直柄钻头时通常用钻夹头，如图 4-12 所示，将麻花钻头夹紧在钻夹头的三个卡爪内后，钻夹头插入尾座的锥孔中进行钻孔。

图 4-13 所示是将小三爪自定心卡盘固定在一个锥柄上，锥柄插入尾座的锥孔内，钻头夹紧在卡盘的卡爪内。这种方法适于夹紧较大直径的直柄钻头，使用起来非常方便。

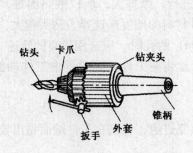

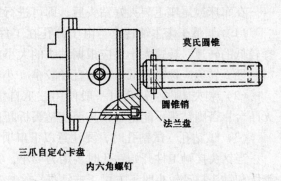

图 4-12　使用钻夹头安装直柄钻头　　　　　图 4-13　使用卡盘装夹直柄钻头

较大直径的锥柄麻花钻头可直接插入尾座锥孔内进行钻孔。当锥柄钻头直径较小，这时钻头锥柄的锥度与尾座套筒内的锥度不一致，这就要使用过渡套筒，将钻头装进过渡套筒内，过渡套筒再插进尾座中，如图 4-14 所示。过渡套筒的形状如图 4-15 所示。

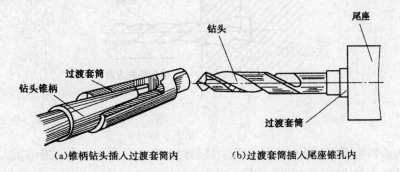

（a）锥柄钻头插入过渡套筒内　　　　　（b）过渡套筒插入尾座锥孔内

图 4-14　利用过渡套筒装夹锥柄麻花钻头

钻头插入尾座锥孔内后，要检查尾座的横向位置，在尾座后端要对准零线（图 4-16），这样才能保证钻头轴线与工件旋转轴线重合。如果不重合，钻头在钻孔中会摇摆不定，甚至使钻头折断。

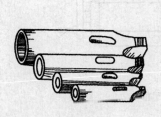

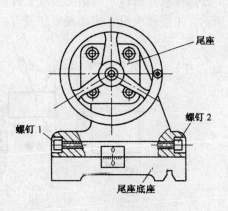

图 4-15　过渡套筒　　　　　　　　　　图 4-16　尾座后端要对准零线

四、钻孔的方法和注意事项

在车床或尾座上装夹好钻头后，即可进行钻孔，它按照以下方法步骤进行。

（1）调整车床主轴转速　由于钻孔在工件内部进行，摩擦大，所以散热困难，一般选择较低的转速。转速大小还应根据钻头的大小及工件材料的硬度来选择，钻头越大、工件材料越硬，转速应选得越低。如钻直径较小（小于5mm）的孔时，应选用较高的转速。

（2）装夹工件　钻孔时一般使用三爪自定心卡盘装夹工件，同时要求工件端面平整，无凸台，否则钻头不能定心，甚至使钻头折断。

（3）试钻孔　试钻孔时，要注意以下事项：

当钻头接触工件开始钻孔时，用力要小，并要反复进退，直到在工件端面钻出较完整的锥坑和钻头抖动较小时，方可正式钻进。

始钻孔时要防止钻头引偏，若钻头引偏后容易出现钻头别劲、钻孔钻歪、钻出的孔呈锥形或腰鼓形等缺陷，如图4-17所示。

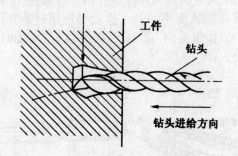

图4-17　钻孔中钻头引偏现象

引起钻头偏斜主要是钻头与工件钻孔面接触时的定心导向不准确、进给量太大、钻头直径小而长以及钻头装夹不稳定等原因造成的。

为了防止钻头引偏，常在钻孔的中心处打上样冲眼，或使用中心钻先钻出中心孔，或使用小锋角的短而粗的麻花钻先钻出个小孔，以利于钻头定心，然后再使用所需要的麻花钻钻孔。

如果没有先钻出中心孔或小孔，而直接正式钻孔时，为了防止钻头偏斜，可在刀架上固定一个方铝棒或方铜棒。当钻头接触工件后，摇动中滑板，使用方棒抵住钻头的头部，如图4-18所示，迫使钻头没有摆动现象，就可以进行钻孔。

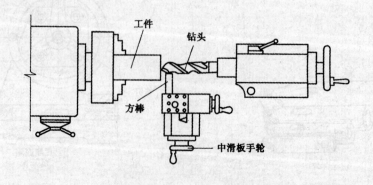

图4-18　用方棒抵住钻头头部

（4）正式进行钻孔　麻花钻头准确地钻入工件后，就可正式进行钻孔。钻钢料工件时，必须大量浇注切削液，使钻头得到充分冷却。钻铸铁工件时可以不用切削液。钻了一段深度以后，应该把钻头退出，并清除切屑，防止切屑堵塞而导致钻头折断。钻直径较大（如φ30mm 以上）的孔，不可用大钻头直接钻出，可先钻出小孔，再用大钻头扩孔。

钻削盲孔时，需要对钻孔深度进行控制。如图 4-19 所示，当钻孔深度要求不太严格时，可使用钢直尺测量尾座套筒伸出的长度来控制，或者将一个磁力较强的 V 形铁吸在尾座套筒上，当钻头刚钻入工件，记下钢直尺上的读数，然后以这个读数为起点开始钻孔，根据钢直尺读数的变化，即可知道钻孔深度。

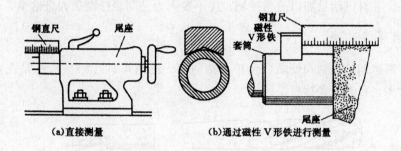

（a）直接测量　　　　　（b）通过磁性 V 形铁进行测量

图 4-19　使用钢直尺测量钻孔深度

大批量钻孔时，可利用定位块控制钻孔深度。图 4-20 中，将钻头安装在尾座上，并使钻头与被钻孔端面接触好。在刀架上装夹一个定位块，并使其侧面与尾座套筒端面靠紧，然后，用溜板上刻度盘控制，将溜板向左移动距离 s（s 等于钻孔深度），这样，就定好了钻孔位置，将溜板固定好。钻孔中，当尾座套筒端面抵住定位块（刚刚接触即可）时，即已钻孔到所需要深度。

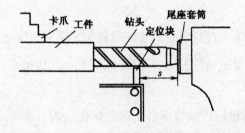

图 4-20　利用定位块控制钻孔深度

使用麻花钻头钻削通孔时，当快要钻透时，钻头上的横刃会突然把和它接触的那一块材料挤压掉，在工件上形成一个不规则的通孔，这时，钻头所承受的扭矩突然增加，钻头的横刃被卡住，从而容易使钻头折断。所以，当钻头钻孔即将钻透时，要减少进给量，以防止损坏钻头。

第三节　扩孔和锪孔

扩孔是用扩孔钻对已钻出的孔做进一步加工，以扩大孔径并提高精度和降低表面粗糙度值。扩孔可达到的尺寸公差等级为 IT11 ~ IT10，表面粗糙度值 Ra12.5 ~ 6.3μm，属于孔的半精加工方法，常作铰削前的预加工，也可作为精度不高的孔的终加工。常用的扩孔刀具有

麻花钻、扩孔钻等。一般工件的扩孔，可用麻花钻。对于孔的半精加工，可用扩孔钻。

一、用麻花钻扩孔

当在实心材料上钻孔时，小孔径可一次钻出。如果孔径大，钻头直径也大，由于横刃长，进给力大，钻削时很费力，这时可分两次钻削。例如钻 50mm 直径的孔，可先用 25mm 的钻头钻一孔，然后用 50mm 的钻头将孔扩大。

扩孔时，由于钻头横刃不参加工作，进给力减小，进给省力，但由于钻头外缘处的前角大，容易把钻头拉进去，使钻头在尾座套筒内打滑。因此，在扩孔时，应把钻头外缘处的前角修磨得小些，并对进给量加以适当控制，决不要因为钻削轻松而加大进给量。

二、用扩孔钻扩孔

扩孔钻有高速钢扩孔钻和硬质合金扩孔钻两种，见图 4-21（a）。扩孔钻在自动机床和镗床上用得较多，它的主要特点是：

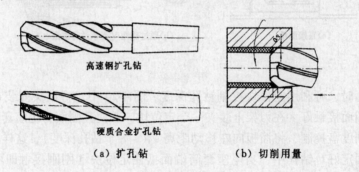

高速钢扩孔钻

硬质合金扩孔钻

（a）扩孔钻　　　　　　　　（b）切削用量

图 4-21　扩孔钻和扩孔

（1）切削刃不必自外缘一直到中心，这样就避免了横刃所引起的不良影响。

（2）由于背吃刀量小（$\alpha_{\mathrm{p}} = \dfrac{D-d}{2}$），见图 4-21（b），切屑少，钻心粗，刚性好，且排屑容易，可提高切削用量。

3）由于切屑少，容屑槽可以做得小些，因此扩孔钻的刀齿可比麻花钻多（一般有 3~4 齿），导向性比麻花钻好。因此，可提高生产效率，改善加工质量。

扩孔精度一般可达公差等级 IT9~IT10，表面粗糙度 $Ra5 \sim 10\mu\mathrm{m}$。扩孔钻一般用于孔的半精加工。

三、圆锥形锪钻

用锪削方法加工平底或锥形沉孔，叫做锪孔。车工常用的是圆锥形锪钻。

有些零件钻孔后需要孔口倒角，有些零件要用顶尖顶住孔口加工外圆，这时可用锥形锪钻在孔口锪出锥孔，如图 4-22 所示。

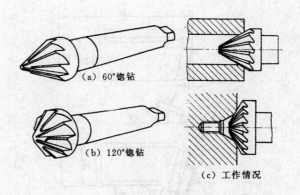

(a) 60°锪钻

(b) 120°锪钻

(c) 工作情况

图 4-22　圆锥形锪钻

圆锥形锪钻有 60°、75°、90°、120°等几种。60°和 120°锪钻的工作情况如图 4-22（c）所示。75°锪钻用于锪埋头铆钉孔，90°锪钻用于锪埋头螺钉孔。

第四节　车孔

用麻花钻钻孔及扩孔，只能达到一般的精度要求，如精度和表面粗糙度要求都较高的套类零件，需要用内孔车刀车削，称为车孔。车孔是常用的孔加工方法之一，可以作粗加工，也可以作精加工。车孔精度可达 LT7～LT8 公差等级，表面粗糙度值可达 $Ra1.6～Ra3.2\mu m$。

一、常用的车孔刀具

常用车孔刀具的尺寸、规格和式样很多，主要是根据各种工件的孔径大小、深度及不同的车削要求而设计制造的。下面分别介绍几种常用的粗、精车车孔刀具。

1. 内孔粗车刀

粗车孔的刀具，一般采用 60°～85°主偏角（车台阶孔时采用 90°主偏角），其他切削角度和刀具的刃磨方法与外圆车刀基本相同，此外，车削钢料类工件或其他塑性材料工件的圆柱孔时，由于孔内容屑空间较小，如果不能顺利断屑或排屑，将会造成损坏刀具或碰毛孔壁等严重后果，因此，在刃磨刀具时应该注意选择合理的卷屑槽。

图 4-23 所示是车钢料的内孔粗车刀。刀片材料是 YT5。切削用量为：$v_c=80～100m/min$；$a_p=5～6mm$；$f=0.5～0.6mm/r$。切屑成半环形折断排出，切削效果较好。

对于车削铸铁材料工件的内孔粗车刀，则可将卷屑槽宽度改成 8～10mm，切削刃上不磨负倒棱，刀片材料改成 YG8 或 YG6，切削速度相应降低至 50～70m/min。

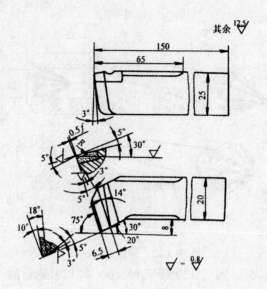

图 4-23　内孔粗车刀

2. 内孔精车刀

精车内孔时，经常用高速车孔方法，车刀一般取正值刃倾角使切屑呈弹簧形，从待加工表面向床头方向流出，达到一定长度后，自行甩断，不影响已加工表面，能保证孔的表面粗糙度要求，一般能达到 $Ra1.6\mu m$。精度达 IT7 公差等级。刀具的切削角度基本上和外圆精车刀相同。为了增加刀柄的刚性和强度，刀柄尽量做得粗一些（在不与工件内孔相碰的条件下）。

图 4-24 所示是钢件的内孔精车刀。刀片材料是 YT30 或 YT15。切削用量为 $v_c = 100 \sim 150m/min$；$a_p = 0.2 \sim 0.4mm$；$f = 0.08 \sim 0.15\ mm/r$。

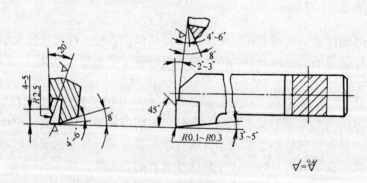

图 4-24　内孔精车刀

如果将车刀材料改成 YG3 或 YG6，刀具前面不磨卷屑槽（前角为 $5° \sim 8°$），而磨有较大的刀尖圆弧或稍大的修光刃，切削速度相应降低至 $50 \sim 70m/min$，即可成为铸铁件的内孔精车刀。

3. 不通孔车刀

套类零件的内孔有通孔与不通孔，不通孔（图 4-25）内孔精车刀的车削要比通孔困难，切屑不能向待加工表面流出，应控制切屑向床尾方向排出，否则切屑会"挤死"在不通孔内，造成刀具损坏与拉伤已加工表面，降低加工质量。

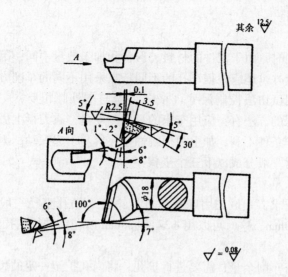

图 4-25　不通孔车刀

图 4-25 所示是一把比较典型的不通孔车刀，主偏角采用 100°，刃倾角采用 1°~2°，装刀时刀尖中心装高 0.01~0.02 倍直径的尺寸，使实际车削时的刃倾角为 0°，这种车刀就是以这两个角度来控制切屑流向床尾方向的。刀片材料为 YT15。切削用量 $v_c = 80 \sim 100 \text{m/min}$；$a_p = 1.5 \sim 3 \text{mm}$；$f = 0.15 \sim 0.25 \text{mm/r}$。

在刃磨刀具时，必须注意断屑槽深度应磨得前后一样，使切屑容易卷不易断；在选择切削用量时，因刀具的主偏角大，故背吃刀量和进给量不宜过大，否则稍遇振动极易产生"扎刀"。

4. 装夹式车刀

如图 4-26（a）所示，这种装夹式车刀就是将刀柄和刀片分两体，刀片焊在小刀柄上，用螺钉紧固在刀柄的方孔里，刀柄可以根据工件内孔的大小选择，使用时根据工件的车削要求，装拆调换。这样能够节省刀柄材料。车削不通孔工件的装夹式车刀，则应在制造刀柄时，改变方孔与刀柄轴线的角度，使小刀柄装入刀柄后，刀头部分位于刀柄顶端的前面，即能车削。

5. 刀柄可调式车刀

图 4-26（b）所示，可以根据车削需要调整刀柄的伸出长度，适用于各种不同深度内孔的车削。

6. 菱形刀柄车刀

如图 4-26（c）所示，这种车刀是把刀柄的截面形状，由原来的圆形或方形改变成菱形，使刀柄在高度和宽度方向（即受力方向）的尺寸增大，以增加刀柄的刚性和强度。

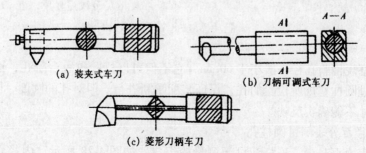

(a) 装夹式车刀　　　　　　(b) 刀柄可调式车刀

(c) 菱形刀柄车刀

图 4-26　其他常用车孔刀具

二、车孔方法

车床上车削圆柱孔时，由于工件的材料、形状和加工数量不同，因此除了应针对性地选用各种刀具和切削用量外，还应根据车孔的不同特点采用不同的车削方法。车孔方法基本上与外圆一样，必须先用试切法控制尺寸（横向进给与车外圆相反）。车削台阶孔或不通孔时，控制台阶深和孔深的方法有：应用车床的纵向刻度盘、在刀柄上做标记等。

车孔时，由于工作条件不利，加上刀柄刚性差，容易引起振动，因此，其切削用量应比车外圆低一些。车削时一般分成以下三个步骤：

1. 钻孔

根据工件内孔的要求，一般先用麻花钻进行钻孔（钻孔直径一般比内孔小 2～3mm）。如工件内孔尺寸是 φ30mm，这时可以用 φ27～φ28mm 麻花钻进行钻孔。

2，扩孔

在钻孔后一般还有车削余量，需要进行扩孔，将内孔扩至一定的尺寸，留精车余量。

3. 车孔或铰孔

一般的内孔都有一定的精度、表面粗糙度要求，光靠钻孔与扩孔很难达到其尺寸精度及表面粗糙度要求，所以要进行车孔，精度要求较高的内孔要进行铰孔，以达到孔的要求。

三、圆柱孔的测量

为了保证孔的加工精度，必须根据工件批量、孔的形状、尺寸大小和精度要求，采用不同量具进行测量。

1. 使用塞规测量圆柱孔

圆柱塞规是按基本尺寸和偏差界限制成的标准量具，用来测量较精密的孔径。其"过端"表示最小极限尺寸，"止端"表示最大极限尺寸。图 4-27 所示为塞规检验孔径方法。

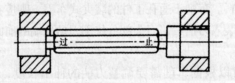

图 4-27 塞规检验孔径

在使用圆柱塞规测量时应注意以下几点：

·必须在工件加工冷却后再进行测量；

·测量前必须把工件孔壁和圆柱塞规表面擦干净，内孔表面粗糙度要求在 $Ra3.2\mu m$ 以上；

·使用圆柱塞规测量孔径时，不能硬塞，更不能用其他物品敲击圆柱塞规；

·使用圆柱塞规检查孔径尺寸时，圆柱塞规必须与孔径轴线平行，不能歪斜。

采用圆柱塞规检验孔径一般小于 60mm，它不但可以检验较短台阶孔，而且也可以检验较深孔径，通过圆柱塞规所检验的孔，保证装配顺利进行。但对孔的圆度、圆柱度、锥度以及孔的实际尺寸不能确实反映。

2. 使用内径百分表测量圆柱孔

内径百分表由百分表、连杆和可调测量棒组成，如图 4-28 所示。内径百分表可用来测量一定范围内的孔径尺寸，同时也可方便而又准确地检查圆柱孔的锥度、圆度误差。

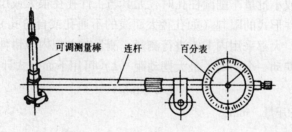

图 4-28　内径百分表

　　内径百分表在使用前必须先用外径千分尺按工件尺寸校正它的测量范围，然后把可调测量棒上的紧固螺母拧紧，再转动百分表的刻度盘，使其零位对准指针。内径百分表作为精车内径时的测量工具，一般在孔径还有 0.3～0.1mm 余量时使用。内径百分表在测量内径时，与外径千分尺配合，直接可以看出内径的实际尺寸，给下一次车削提供了方便。在使用中要经常注意百分表的刻度值，发现刻度值移动了，应及时校正后方可继续使用。

　　内径百分表有 0～18mm、18～35mm，35～50mm、50～160mm 等多种规格。它的测量误差一般控制在 0.005mm 以内，是目前普遍使用测量内径的精密量具之一，见图 4-29。

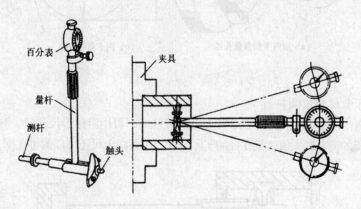

图 4-29　用内径百分表测量孔径

　　3. 使用内径千分尺测量圆柱孔

　　使用内径千分尺测量孔径时，内径千分尺应在孔内摆动，轴向摆动找出最小尺寸，径向摆动找出最大尺寸，这两个重合尺寸，就是孔的实际尺寸，如图 4-30 所示。

　　内径千分尺必须与外径千分尺"0"位对准，测量孔径时由于手势轻重关系或最大尺寸未找正，产生测量误差，操作者尽量要与检验员保持一致测量水平。

　　4. 使用内卡钳测量圆柱孔

　　内卡钳是一种简单而又常用

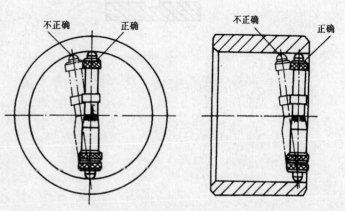

图 4-30　内径千分尺的使用方法

的内径量具。在单件或小批量车削圆柱孔时，尤其当工件孔径很大或尺寸特殊，没有合适的圆柱塞规以及由于工件形式的限制（如孔径大而浅的不通孔或台阶孔），不能使用内径千分尺、内径百分表测量，大都采用内卡钳进行测量。测量时，把内卡钳伸入孔中，一只卡脚固定不动，另一只卡脚摆动一个距离，最大摆动距（L）可用下面公式计算：

$$L = \sqrt{8de}$$

式中　d——内卡钳张开量，mm；

　　　e——间隙量，mm。

摆动距是一个参考值，在用内卡钳测量孔径时摆动量又不能测量。采用内卡测量孔径实际数值，要在生产实践中不断积累经验。图 4-31 是用内卡钳测量孔径及内卡钳摆动距。

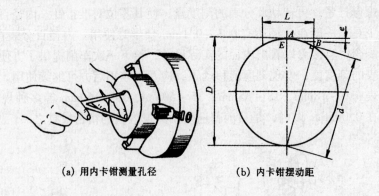

(a) 用内卡钳测量孔径　　　　(b) 内卡钳摆动距

图 4-31　内卡钳使用

5. 使用游标卡尺测量圆柱孔

当工件批量小，孔的精度要求不高，而且孔又较浅时，可用游标卡尺测量。测量时，应使卡爪作适量摆动，测得的读数最大值就是孔径的实际尺寸。用游标卡尺还可以测量孔深，见图 4-32。

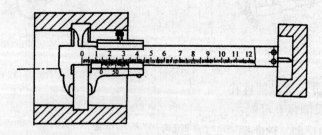

图 4-32　用游标卡尺测量孔径和孔深

四、车孔时的注意事项

· 车孔时，由于刀柄刚性较差，容易引起振动，因此切削用量应比车外圆小些；

· 要注意中滑板退刀方向与车外圆时相反；车孔留余量时，内径要缩小；

· 测量内孔时，要注意工件的热胀冷缩现象，特别是薄壁套类零件，要防止因热胀冷缩使孔径达不到要求的尺寸；

· 精车内孔时，要保持切削刃锋利，防止产生因车刀磨损，使孔内产生锥度；

· 车削较小的不通孔或台阶孔时，一般先采用麻花钻钻孔，然后用平顶钻锪平底平面，最后用不通孔刀车削孔径与底平面，在装夹不通孔车刀时，刀尖应与工件旋转中心等高，否

则不通孔底平面无法车平，车刀容易折碎；

·车小孔时，应随时注意排屑，防止因内孔被切屑阻塞而使工件车成废品；

·用高速钢内孔车刀车削塑性材料时，应采用合适的切削液进行冷却，防止高速钢退火，影响车刀的使用寿命。

第五节 铰孔

铰孔是精加工孔的主要方法之一，在成批生产中已被广泛采用。因为铰刀是一种尺寸精确的多刃刀具，由于铰刀切下的切屑很薄，并且孔壁经过它的圆柱部分修光，所以铰出的孔既精确又表面粗糙度细。同时铰刀的刚性比内孔车刀好，因此更适合加工小深孔。铰孔的精度可达 IT7 ~ IT9，表面粗糙度一般可达 $Ra1 ~ 2.5\mu m$，甚至更细。

一、铰刀

1. 铰刀的几何形状

铰刀由工作部分和颈部及柄部组成，如图4-33所示。

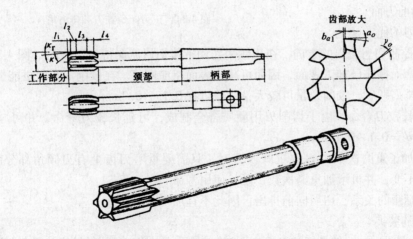

图4-33 铰刀

柄部用来装夹和传递扭矩，有圆柱形、圆锥形和圆柄方榫形三种。

工作部分是由引导部分（l_1）、切削部分（l_2）、修光部分（l_3）和倒锥（l_4）组成。

引导部分是铰刀头部开始进入孔内的导向部分，其导向角（k）一般为45°。

切削部分担任主要切削工作，能切下很薄的切屑。

铰刀的前角（γ_0）一般磨成零度。对于铰削表面粗糙度要求较细的铸件孔时，前角可采用 -5° ~ 0°。加工塑性材料时，前角可增大到5° ~ 10°。

铰刀的后角（α_0）是为了减少铰刀与孔壁的摩擦，后角一般6° ~ 10°。

铰刀的主偏角（κ_r）一般为3° ~ 15°。加工铸件时，κ_r取3° ~ 5°。加工钢料时，κ_r取12° ~ 15°。主偏角大，定心差，切屑厚而窄；主偏角小，定心好，切屑薄而宽。

铰刀的修光部分上有棱边（b_1），它起定向、修光孔壁、保证铰刀直径和便于测量等作用。棱边不能太宽，否则会使铰刀与孔壁的摩擦增加，一般为0.15 ~ 0.25mm。工作部分后部的倒锥（l_4）也是为了减少铰刀与孔壁之间的摩擦。倒锥一般为0.02 ~ 0.05mm。

铰刀的齿数一般为 4~8 齿，为了测量直径方便见，多数采用偶数齿。

铰刀最容易磨损的部位是切削部分和修光校正部分的过渡处，而且这个部位直接影响工件的表面粗糙度，因而该处不能有尖棱，要磨得每一个齿等高。

2. 铰刀的种类

铰刀按用途可分机用铰刀和手用铰刀。机铰刀的柄为圆柱形或圆锥形，工作部分较短，主偏角较大。标准机铰刀的主偏角（κ_r）为 15°，这是由于已有车床尾座定向，因此不必做出很长的导向部分。手铰刀的柄部做成方榫形，以便套入扳手，用手转动铰刀来铰孔。它的工作部分较长，主偏角较小，一般为 40′~4°。标准手铰刀为了容易定向和减小进给力，主偏角为 40′~1°30′。

铰刀按切削部分材料分为高速钢和硬质合金两种。

下面介绍正刃倾角硬质合金铰刀，如图 4-34 所示。这种铰刀的结构特点是在直槽铰刀的前端磨出与轴线成 10°~30°刃倾角的前刀面。

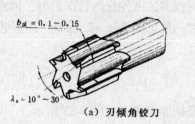
(a) 刃倾角铰刀

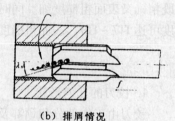
(b) 排屑情况

图 4-34 正刃倾角铰刀和排屑情况

这种铰刀的优点是：

（1）能控制切屑流出的方向 在刃倾角作用下使切屑流向待加工表面（图 4-34），不会因切屑的挤塞而擦伤已加工表面，因而可减小表面粗糙度值。在铰削深孔时更能显示出它的优点。由于排屑顺利，铰削余量可较大，一般可在 0.15~0.2mm。

（2）延长铰刀寿命 由于切削刃用硬质合金制成，可延长铰刀寿命，并可减少棱边的宽度（一般 $b_1 = 0.1~0.15$mm）。

（3）增加了重磨次数 每次重磨铰刀时，只需要重磨刀齿上有刃倾角部分的前刀面。铰刀的直径不变，并可增加重磨次数，延长使用寿命。

由于刃倾角的关系，切屑向前排出，因此不宜加工不通孔。

3. 铰刀的装夹

在车床上铰孔时，一般是把铰刀插在尾座套筒锥孔中。当工件旋转轴线与尾座套筒锥孔轴线不同轴时，铰出的孔会产生孔口扩大或整个孔扩大，所以铰孔前要调整尾座中心，使之与工件旋转轴线重合。但是要求床头和尾座轴线非常精确地在同一轴线上是比较困难的，因而可采用浮动套筒，见图 4-35。浮动套筒是利用衬套 2 和套筒体 1 之间有一定的间隙而产生一些浮动，使之自动对准轴线。这种结构要求衬套 2 与套筒体 1 接触的端面与轴线严格保持垂直。

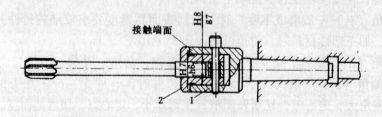

图 4-35 浮动套筒

二、铰孔的方法

1. 铰孔余量的确定

铰孔之前，一般先经过车孔或扩孔后留些铰孔余量。余量的大小直接影响铰孔质量。余量太小，往往不能把前道加工所留下的加工痕迹铰去。余量太大，切屑挤满在铰刀的齿槽中，使切削液不能进入切削区，严重影响表面粗糙度，或使切削刃负荷过大而迅速磨损，甚至崩刃。

铰孔余量一般是：高速钢铰刀为 0.08 ~ 0.12mm；硬质合金铰刀为 0.15 ~ 0.20mm。

2. 铰刀尺寸的选择

铰孔的精度主要决定于铰刀尺寸，铰刀尺寸是最好选择被加工孔公差带中间 1/3 左右，见图 4-36。

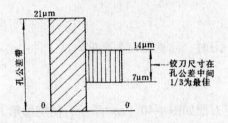

图 4-36　铰刀尺寸的选择

第六节　套类工件内沟槽的车削

孔内的沟槽有多种形式，按其作用可分为退刀槽、空刀槽、密封槽等，如图 4-37 所示。退刀槽用于不在内孔的全长上车内螺纹时，需要在螺纹终了位置处车出直槽，以便车削螺纹终了时把螺纹车刀退出。空刀槽用于以较长的内孔作为配合孔使用时，为了减少孔的精加工时间，而在内孔中部车出较宽的槽。密封槽一种截面形状为梯形，可以在它的中间嵌入油毛毡来防止润滑滚动轴承的油脂渗漏，另一种是圆弧形的，用来防止稀油渗漏。

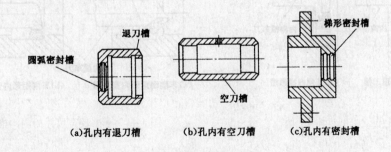

图 4-37　孔内沟槽

1. 车削内沟槽的车刀

内沟槽车刀的形状结构与镗孔刀相似，只是几何角度上有所区别。图 4-38 所示为内沟槽车刀，它的前刀刃做成平直形，其刀头形状分别为矩形和梯形，是根据所车削沟槽的截面形状具体确定的，主要在车削孔径较小的内沟槽中使用。车削较大孔径内的沟槽时，常使用可换刀头式刀杆，如图 4-39 所示，拧紧刀杆前端的螺钉即可将刀头固定。

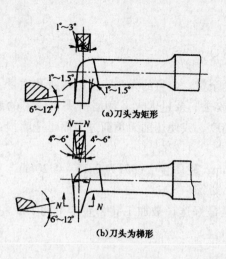

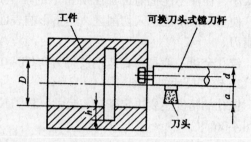

图 4-38　整体式内沟槽车刀　　　　　　　　图 4-39　可换刀头式内沟槽车刀

在刀架上安装内沟槽车刀时，注意使刀头高度对准工件中心或者略微高于工件中心，刀头两侧的副偏角必须对称。

2. 内沟槽车削方法

使用矩形刀头车削内退刀槽如图 4-40（a）所示，使用梯形刀头车削内梯形槽如图 4-40（b）所示。车削较宽尺寸的内沟槽如图 4-41 所示。

为了加工出尺寸和位置都符合要求的内沟槽，车削前要做好车刀的定位工作。当内沟槽车刀进入孔内，确定车刀切削位置时主要是利用溜板箱处刻度盘上刻线去控制溜板应移动的距离。当内沟槽切至所需要深度后，应使切槽刀在原位不动，使工件多转动几圈，以对沟槽槽底做修整。退刀时要谨慎，防止切槽刀刀杆与孔壁相碰，发生事故。

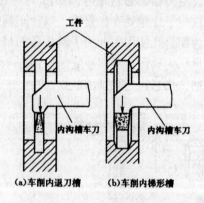

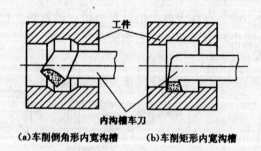

图 4-40　车削普通内沟槽　　　　　　　　　图 4-41　车削较宽尺寸的内沟槽

第七节　套类零件的车削实例

一、车圆柱齿轮坯

1. 确定车削圆柱齿轮坯的方法

（1）由于圆柱齿轮坯直径较大，所以毛坯一般为锻件。锻造后就直接进行调质处理，

目的是减少工序,但对车削增加难度,所以粗车时,可选用 YT5 硬质合金车刀,如图 4-42 所示。

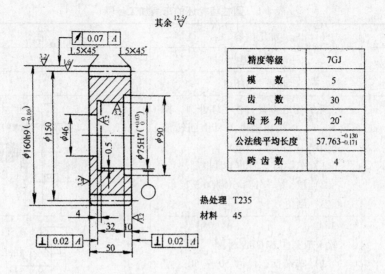

精度等级	7GJ
模　　数	5
齿　　数	30
齿形角	20°
公法线平均长度	$57.763^{-0.130}_{-0.171}$
跨齿数	4

热处理　T235
材料　　45

图 4-42　圆柱齿轮坯

(2) 车削 φ160h9 外圆时,为了不使外圆接刀,可用三爪自定心卡盘夹住毛坯外圆 5 ~ 7mm 长度,一端用带有中心孔的辅助工具支顶工件端面。

(3) 由于 φ160h9 外圆表面对 φ75H7 孔轴线径向圆跳动为 0.07mm,用软卡爪装夹车削比较合理,因软卡爪装夹工件一般可以保证径向圆跳动在 0.05mm 之内。

保证软卡爪的装夹精度,在车削卡爪的内圆弧直径时,应符合被夹住工件外圆 φ160h9 的尺寸,允差比实测尺寸大小在 0.1mm 以内。若卡爪圆弧直径过大或太小,会改变卡盘平面螺纹的移动量。影响装夹后的定位精度。圆弧过小,软卡爪两边缘接触工件,造成夹伤工件表面,如图 4-43 所示。

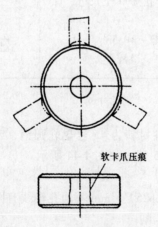

软卡爪压痕

图 4-43　软卡爪圆弧直径过小对装夹工件的影响

(4) 保证工件的端面、内孔底平面对 φ75H7 孔轴线的垂直度 0.02mm,上述车削应在一次装夹中完成。

(5) 为了便于 φ75H7 孔的试车削,将 φ90mm 孔放在后一步车削。

小对装夹工件的影响

2. 圆柱齿轮坯的车削加工步骤（见表4-1）

表 4-1　圆柱齿轮坯的车削加工步骤

序号	工种	加工内容	简图
1	锻	锻造并退火	
2	热处	调质 235HBS	
3	车	三爪自定心卡盘夹住毛坯外圆，长度 5～7，一端用辅助工具由回转顶尖顶牢 （1）车端面至辅助工具根部 （2）粗、精车外圆 φ160h90 至尺寸 （3）倒角	
4	车	软卡爪夹住 φ160h9 外圆 （1）车端面，尺寸 50 至 50（留精车余量） （2）车孔 φ46 至尺寸 （3）倒角	
5		调头，按序号 4 装夹方法 （1）粗车孔 φ75H7 至 φ74，长度 42.5 （2）精车端面，尺寸 50 （3）精车孔 φ75H7 至尺寸，长度 42 （4）车台阶孔 φ90 至尺寸，深度 10 （5）车内沟槽 4×0.5 （6）倒角	

二、端套的车削

端套是不通孔套类零件，零件材料为 45 号热轧圆钢，毛坯尺寸为 φ46mm×190mm，数量 5 件，如图 4-44 所示。

1. 工艺分析

（1）$\phi42_{-0.039}^{0}$mm 外圆轴线与 $\phi25_{0}^{+0.033}$mm 不通孔轴线有同轴度要求，应在一次装夹中完工车削。

（2）$\phi2_{0}^{+0.033}$mm 不通孔可采用麻花钻钻孔，平顶钻锪平底平面，再用车孔刀精车孔径。孔径尺寸可用内径百分表或圆柱塞规测量。

（3）φ32±0.02mm 不通孔深度尺寸，可先用尖头车刀车削到深度，再用车孔刀精车孔径尺寸。φ32±0.02mm 孔径深

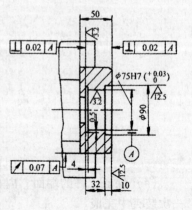

图 4-44　端套

度很浅，只有 3mm，用百分表或圆柱塞规测量较困难，可用内卡钳配合外径千分尺进行测量。

2. 端套车削具体步骤（见表4-2）

表4-2　端套车削具体步骤

序号	加工内容及技术要求	刀具	量具
1	用三爪自定心卡盘夹住毛坯料，伸出 40mm，找正，夹紧。车端面	45°车刀	
2	粗车 $\phi 42^{0}_{0.089}$ mm 外圆，留精车余量 1mm	90°车刀	游标卡尺
3	用 $\phi 23$ mm 麻花钻钻孔，深 21mm，再用平顶钻锪平	$\phi 23$ 麻花钻	
4	粗车 $\phi 25$ mm 内孔，留精车余量 0.20～0.30mm	内孔车刀	游标卡尺
5	车内沟槽 3mm×0.5mm 至尺寸（22mm 同时车好）	车槽刀	
6	精车中 $25^{0}_{0.033}$ mm 至尺寸 $Ra3.2\mu m$		圆柱塞规
7	精车 $\phi 42^{0}_{0.339}$ mm 至尺寸 $Ra3.2\mu m$	YT30 精车刀	外径千分尺
8	倒角 1mm×45°		
9	切断（总长 30mm 留 1mm 余量）	切断刀	
10	调头，用软卡爪夹持 $\phi 42^{0}_{0.039}$ mm 外圆处，找正夹紧。车端面至 30mm	45°车刀	游标卡尺
11	粗、精 $\phi 32\pm 0.02$ mm×3mm 至要求	车孔刀	内卡钳外径千分尺
12	倒角 1mm×45°、0.5mm×45°	45°车刀	

每章一练

1. 套类零件的加工特点是什么？
2. 标准麻花钻由哪些部分组成？
3. 用麻花钻钻孔时，孔径实际尺寸比麻花钻大，主要原因是什么？
4. 车孔时的注意事项是什么？
5. 怎样选择铰刀的尺寸？

第五章

圆锥面的车削

本章围绕圆锥面的车削，从圆锥各部分的名称和计算讲起，并结合实例讲解了车削内圆锥和外圆锥的方法，使读者能够更好地掌握车削圆锥面的相关知识。

1. 掌握圆锥各部分的名称和计算。
2. 掌握车削内圆锥和外圆锥的方法。
3. 了解车削圆锥面时产生废品的原因和预防措施。

第一节　套类零件的技术要求和车削特点

一、圆锥的各部分名称

与轴线 AO 成一定角度，且一端相交于轴线的一条直线段 AB（母线），围绕着该轴线旋转形成的表面，称为圆锥表面，如图5-1（a）所示。如截去尖端，即成截锥体，如图5-1（b）所示。

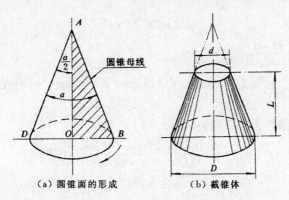

（a）圆锥面的形成　　　　（b）截锥体

图 5-1　圆锥面的形成

由圆锥表面与一定尺寸所限定的几何体，称为圆锥。圆锥又可分为外圆锥和内圆锥两种。圆锥的各部分名称如图5-2所示。

圆锥有以下四个基本参数（量）：

· 圆锥半角（$\alpha/2$）或锥度（C）；
· 最大圆锥直径（D）；
· 最小圆锥直径（d）；
· 圆锥长度（L）。

以上四个量中，只要知道任意三个量，其他一个未知量即可以求出。

二、圆锥的各部分尺寸的计算

（1）圆锥半角（$\alpha/2$）与其他三个量的关系在图样上一般都注明 D，d，L。但是在车削圆锥时，往往需要转动小滑板的角度，所以必须计算出圆锥半角（$\alpha/2$）。圆锥半角可按下面公式计算：

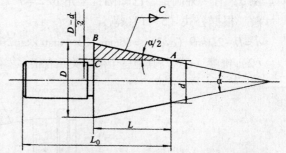

D—最大圆锥直径（简称大端直径）；d—最小圆锥直径（简称小端直径）；α—圆锥角；$\alpha/2$—圆锥半角；L—圆锥长度；L_0—工件全长；C—锥度；

图 5-2　圆锥各部分名称

在图5-2中

$$\tan(\alpha/2) = \frac{BC}{AC} = \frac{D-d}{2L}$$

其他三个量与圆锥半角（$\alpha/2$）的关系

$$D = d + 2L\tan(\alpha/2) \qquad d = D - 2L\tan(\alpha/2)$$

$$L = \frac{D-d}{2\tan(\alpha/2)} \qquad\qquad (5-1)$$

例1　有一锥体，已知 $D=65\text{mm}$，$d=55\text{mm}$，$L=100\text{mm}$，求圆锥半角。

解根据公式（5-1）

$$\tan\alpha/2 = \frac{D-d}{2L} = \frac{65\text{mm} - 55\text{mm}}{2 \times 100\text{mm}} = 0.05$$

查三角函数表得 $\alpha/2 = 2°52'$

应用公式（5-1）计算圆锥半角（$\alpha/2$），必须查三角函数表。当圆锥半角 $\alpha/2 < 6°$ 时，可用下列近似公式计算：

$$\alpha/2 \approx 28.7° \times \frac{D-d}{L} \tag{5-2}$$

$$\alpha/2 \approx 28.7° \times C$$

式中 C——锥度，$C = \frac{D-d}{L}$。

例2   有一外圆锥，已知 $D = 22\text{mm}$，$d = 18\text{mm}$，$L = 64\text{mm}$，试用查三角函数表和近似法计算圆锥半角 $\alpha/2$。

解   （1）查三角函数表法，用公式（5-1）

$$\tan(\alpha/2) = \frac{D-d}{2L} = \frac{22\text{mm} - 18\text{mm}}{2 \times 64\text{mm}} = 0.03\ 125$$

$$\alpha/2 = 1°47'$$

（2）近似法，用公式（5-2）

$$\alpha/2 \approx 28.7° \times \frac{D-d}{L} = 28.7° \times \frac{22\text{mm} - 18\text{mm}}{64\text{mm}} = 28.7° \times \frac{1}{16} = 1.79° \approx 1°47'$$

两种方法计算结果相同。

例3   有一外圆锥，已知圆锥半角 $\alpha/2 = 7°7'30''$，$D = 56\text{mm}$，$L = 44\text{mm}$，求小端直径 d。

解   根据公式（5-1）得

$d = D - 2L\tan9(\alpha/2) = 56\text{mm} - 2 \times 44\text{mm} \times \tan7°7'30'' = 56\text{mm} - 2 \times 44\text{mm} \times 0.125 = 45\text{mm}$

（2）锥度（C）与其他三个量的关系有很多零件，在圆锥面上注有锥度符号，见图5-3。

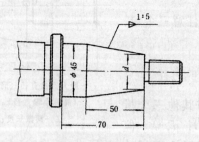

图5-3 标注锥度的零件

锥度是两个垂直圆锥轴线截面的圆锥直径差与该两截面间的轴向距离之比。

即

$$C = \frac{D-d}{L} \tag{5-3}$$

D、d、L 三个量与 C 的关系为

$$D = d + CL$$

$$d = D - CL$$

$$L = \frac{D-d}{C} \tag{5-4}$$

圆锥半角（$\alpha/2$）与锥度（C）的关系为

$$\tan\ (\alpha/2)\ =\frac{C}{2} \qquad\qquad (5-5)$$

$$C=2\tan\ (\alpha/2)$$

例4　如图5-3所示磨床主轴圆锥，已知锥度 $C=1:5$，$D=45\text{mm}$，圆锥长度 $L=50\text{mm}$，求小端直径（d）和圆锥半角（$\alpha/2$）。

解　根据公式（5-4）

$$d=D-CL=45-\frac{1}{5}\times50\text{mm}=35\text{mm}$$

根据公式（5-5）

$$\tan\ (\alpha/2)\ =\frac{C}{2}=\frac{\frac{1}{5}}{2}=0.1$$

$$\alpha/2=5°42'38''$$

第二节　车外圆锥

一、转动小滑板法

车削较短的圆锥体时，可以用转动小滑板的方法。车削时只要把小滑板按工件的要求转动一定的角度，使车刀的运动轨迹与所要车削的圆．锥素线平行即可。这种方法操作简单，调整范围大，能保证一定精度。

由于圆锥的角度标注方法不同，一般不能直接按图样上所标注的角度去转动小滑板，必须经过换算。换算原则是把图样上所标注的角度，换算出圆锥素线与车床主轴轴线的夹角成 $\alpha/2$，$\alpha/2$ 就是车床小滑板应该转过的角度。具体情况见表5-1。

表5-1　图样上标注的角度和小滑板应转过的角度

图例	小滑板应转的角度	车削示意图
	逆时针30°	
	A 面逆时针43°32′	
	B 面顺时针50°	

续表

	C 面顺时针 50°	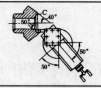

如果图样上没有注明圆锥半角 $\alpha/2$，那么可根据式（5-1）、式（5-5）计算出圆锥半角 $\alpha/2$。

转动小滑板可车削各种角度的圆锥，适用范围广。但一般只能用手动进给，劳动强度较大，表面粗糙度较难控制；另外因受小滑板的行程限制，只能加工圆锥不长的工件。

二、偏移尾座法

在两顶尖之间车削外圆柱时，床鞍进给是平行于主轴轴线移动的，但尾座横向偏移一段距离 s 后，如图5-4所示，工件旋转中心与纵向进给方向相交成一个角度 $\alpha/2$，因此，工件就车成了圆锥。

用偏移尾座的方法车削圆锥时，必须注意尾座的偏移量不仅和圆锥长度 L 有关，而且还和两顶尖之间的距离有关，这段距离一般可以近似看作工件全长 L_0。

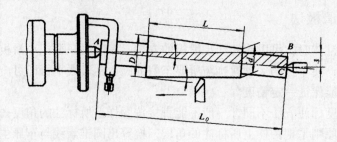

图5-4　偏移尾座车圆锥的方法

尾座偏移量可根据下列公式计算

$$s = \frac{D-d}{2L}L_0 \text{ 或 } s = \frac{C}{2}L_0 \tag{5-6}$$

式中　s——尾座偏移量，mm；

　　　D——大端直径，mm；

　　　d——小端直径，mm；

　　　L——圆锥长度，mm；

　　　L_0——工件全长，mm。

例5　有一外圆锥工件，$D = 75\text{mm}$，$d = 70\text{mm}$，$L = 100\text{mm}$，$L_0 = 120\text{mm}$，求尾座偏移量 s。

解　根据式（5-6）

$$s = \frac{D-d}{2L}L_0 = \frac{75\text{mm}-70\text{mm}}{2 \times 100\text{mm}} \times 120\text{mm} = 3\text{mm}$$

例6　如图5-5所示的锥形心轴，$D = 40\text{mm}$，$C = 1:20$，$L = 70\text{mm}$，$L_0 = 100\text{mm}$，求尾座偏移量 s。

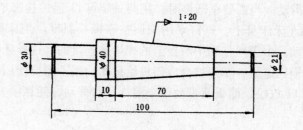

图 5-5　锥形心轴

解　根据式（5-6）

$$s = \frac{C}{2}L_0 = \frac{\frac{1}{20}}{2} \times 100\,\mathrm{mm} = 2.5\,\mathrm{mm}$$

偏移尾座法车圆锥可以利用车床机动进给，车出的工件表面粗糙度较细，以及能车较长的圆锥。但因为受尾座偏移量的限制，不能车锥度很大的工件。另外，中心孔接触不良，精度难以控制。

用偏移尾座法车圆锥，只适宜于加工锥度较小、长度较长的工件。

三、靠模法

有的车床上有车锥度的特殊附件，叫做锥度靠模。

对于长度较长、精度要求较高的圆锥，一般都用靠模法车削。

1. 靠模法车圆锥的基本原理

在车床的床身后面安装一块固定靠模板 1，其斜角可以根据工件的圆锥半角调整。刀架 3 通过中滑板与滑块 2 刚性连接（先假设无中滑板丝杆）。当床鞍纵向进给时，滑块 2 沿着固定靠模板中的斜面移动，并带动车刀作平行于靠模板的斜面移动，其运动轨迹 ABCD 为平行四边形，BC∥AD。因此，就车出了圆锥，如图 5-6 所示。

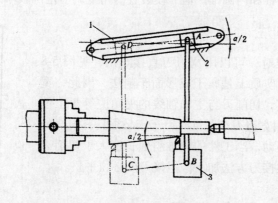

图 5-6　靠模法车圆锥面的基本原理

1—靠模板；2—滑块；3—刀架

2. 靠模的结构

锥度靠模的具体结构见图 5-7。底座 1 固定在车床床鞍上，它下面的燕尾导轨和靠模体 5 上的燕尾槽间隙配合。靠模体 5 上装有锥度靠板 2，可绕着中心旋转型与工件轴线交成所需的圆锥半角（$\alpha/2$）。两只螺钉 7 用来固定锥度靠板。滑块 4 与中滑板丝杠 3 连接，可以沿着锥度靠扳2自由滑动。当需要车圆锥时，用两只螺钉11通过挂脚8，调节螺母9及拉杆10把靠模体5固定在车床床身上。螺钉6用来调整靠模板斜度。当床鞍作纵向移动时，滑块就沿着靠板斜面滑动。由于丝杠和中滑板上的螺母是连接的，这样床鞍纵向进给时，中滑板就沿着靠板斜度作横向进给，车刀就合成斜进给运动。当不需要使用靠模时，只要把固定在床身上的两只螺钉11放松，溜板就带动整个附件一起移动，使靠模失去作用。

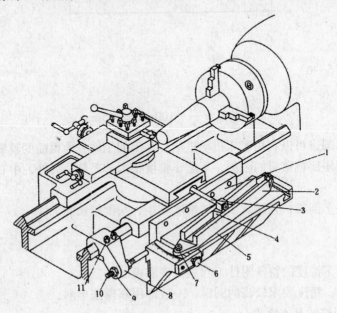

图 5-7 靠模的结构

1—底座；2—靠板；3—丝杠；4—滑块；5—靠模体；
6、7—螺钉；8—挂脚；9—螺母；10—拉杆；11—螺钉

靠模法车锥度的优点是调整锥度既方便，又准确；因中心孔接触良好，所以锥面质量高；可机动进给车外圆锥和内圆锥。但靠模装置的角度调节范围较小，一般在12°以下。

四、宽刃刀车削法

在车削较短的圆锥时，可以用宽刃刀直接车出，见图5-8所示。宽刃刀车削法，实质上是属于成形面车削法。因此，宽刃刀的切削刃必须平直，切削刃与主轴轴线的夹角应等于工件圆锥半角（$\alpha/2$）。使用宽刃刀车圆锥时，车床必须具有很好的刚性，否则容易引起振动。当工件的圆锥斜面长度大于切削刃长度时，也可以用多次接刀方法加工，但接刀处必须平整。

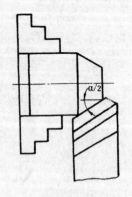

图 5-8 用宽刃刀车削圆锥

第三节 车内圆锥

车削内圆锥体的方法基本上和车外圆锥方法相同，其主要方法有下面几种。

一、转动小滑板法

首先要计算出内锥体的小端直径，用小于小端直径 1 ~ 2mm 的麻花钻钻孔，再转动小滑板的角度，使车孔刀的运动轨迹与零件轴线的夹角等于工件圆锥半角，然后车削内圆锥。在车削内圆锥体时，必须注意的是内孔车刀刀柄必须以锥孔小端直径通过为原则，否则刀柄要与小端内径相碰。

车削配圆锥（工件数量较少）的方法，如图 5-9 所示。

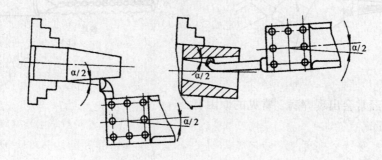

图 5-9　车削配套圆锥的方法

车削时，先把外圆锥车削正确，不变动小滑板的度数，将车内圆锥的车刀反装，使切削刃向下，然后车削内圆锥。由于小滑板角度不变，这时车出的内、外圆锥表面配合性能较好。

二、靠模法

车削方法与车外圆锥相似，这时只要把靠板 2 转到与车外圆锥时相反的位置，将车外圆锥的车刀调换成车内圆锥的车刀就可以了。

三、钻铰内锥的方法

（1）按圆锥孔的小端直径尺寸小 0.2 ~ 0.5mm 钻内孔（钻孔前先用中心钻定位）。

（2）开动机床（不能反转）先用粗铰刀粗铰，留余量约 0.5mm，然后再换精铰刀精铰。铰削时用较快的速度摇动尾座手轮，使铰刀朝孔内移动，当铰刀切削刃接近孔的表面时，立即作慢速摇动，切削刃与孔壁接触后作慢进给进行铰削。在铰削时应充分加注切削液，如图 5-10 所示。

（3）在铰削过程中会铰出许多切屑，应及时快速退出铰刀，清除孔内及铰刀上的切屑，使铰刀始终保持锋利状况。

（4）用圆锥塞规检查圆锥孔接触面之前，应先用棉纱清除孔内切屑，然后用涂色法检查圆锥的接触面。如接触面符合要求可继续铰削至尺寸。

（5）控制尺寸的方法。可利用尾座套筒刻度来控制铰刀伸进圆锥孔的长度，如图 5-11（a）所示。也可测量孔的端面至锥形铰刀大端端面之间的距离，或在铰刀上与锥孔大端直径相等处，用铁丝或线扎在铰刀进入孔内铰削的终止位置，如图 5-11（b）所示。

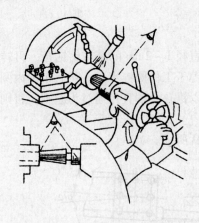

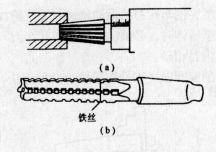

铁丝

(a)

(b)

图 5-10　锥形铰刀加工内圆锥　　　　　图 5-11　圆锥大端直径控制方法

铰内圆锥经常会出现弊病，常见的原因有：

· 圆锥孔的角度不正确，原因是铰刀本身达不到要求，或是铰刀轴线与主轴轴线不重合。

· 表面粗糙度达不到要求，原因是切削用量过大或铰刀已用钝，以及切削液不充分等。

第四节　圆锥面的检验和质量控制

一、圆锥面的质量检验

对圆锥面主要是锥度和角度的检测，其次是圆锥面的大小端直径。

1. 圆锥的锥度检测

（1）检测外圆锥锥度　检测外圆锥面锥度时常用以下几种方法：

①在车床上用百分表测量　图 5-12 中，将百分表固定在车床溜板上，百分表测头先抵住外圆锥面小端，记住百分表读数；然后，使溜板移动到外圆锥面大端，再记下百分表读数。溜板移动距离通过溜板处刻度盘掌握，这时大小端的差数与溜板移动，距离的

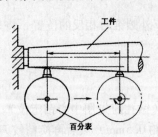

图 5-12　利用百分表在车床上测外锥度

正切值即为该圆锥面的锥度，其公式如下：

$$\tan\alpha = \frac{A-B}{L} \qquad (5-7)$$

式中　α——外圆锥面锥角，（°）；

　　　A——百分表在大端测得的读数，mm；

　　　B——百分表在小端测得的读数，mm；

　　　L——百分表测头在外圆锥面上的测量长度，mm。

当被加工外圆锥面的精度要求不高，检测锥度时，可使用游标卡尺或千分尺分别测量其大端和小端直径，然后使用式（5-7）将锥度计算出来。

②使用圆锥套规检测　被车削工件是标准圆锥（如莫氏圆锥、米制圆锥或其他标准圆锥）时，常使用圆锥套规检验，如图 5-13 所示。检验中，在工件外圆锥面上薄薄地涂上一层显示剂（红油或蓝油），将圆锥套规套在外圆锥面上慢慢转动两圈，然后观察两者接触情

况，如图5-14所示。如果接触面均匀，说明被车削外圆锥面的锥度正确。如果大端的显示剂被擦掉，而小端的没有被擦掉，说明工件锥度做大了。车削中，如果采用偏转小滑板进给方向的方法，则小滑板的转过角度已经大于工件的圆锥半角，应该将小滑板的转动角度调小些；如果是相反的情况，说明工件锥度做小了，则小滑板的转过角度小于工件圆锥半角，应将小滑板转动角度调大。如果显示剂只在中间部位被擦去，说明被检测表面的圆锥母线不是直线。实际车削和检测中，普通工件的接触面和接触长度不低于75%，精密工件不低于80%，两者接触处应靠近大端。

（2）检测内圆锥锥度　检测内圆锥锥度时常使用圆锥塞规，如图5-15所示，在圆锥塞规的外表面上均匀地涂上一层显示剂，将涂好色的圆锥塞规塞进圆锥孔中并转动，然后取出，观察两者接触情况。如果显示剂被均匀擦掉，说明圆锥面接触良好，圆锥孔的锥度是正确的，否则，锥度不正确，调整后再进行车削，直至内圆锥面与圆锥塞规的接触面达到要求。

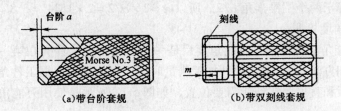

图5-13　圆锥套规

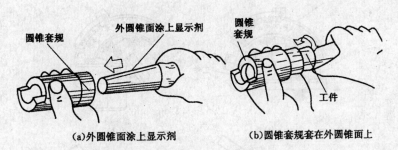

图5-14　圆锥套规检测外圆锥面

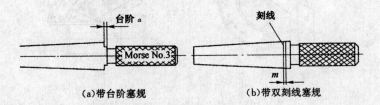

图5-15　圆锥塞规

检测内圆锥面锥度的另一种方法是使用两个钢球进行测量。图5-16中，将半径为R和r的大小两个钢球分别放入孔中，测出钢球最高点的深度各为h和H，计算圆锥半角$\alpha/2$。从图中可知两钢球中心距$L=(H+r)-(h+R)$，在直角三角形ABC中得：

$$\sin\frac{\alpha}{2}=\frac{\overline{AB}}{\overline{AC}}=\frac{R-r}{L}=\frac{R-r}{(H+r)-(h+R)} \tag{5-8}$$

两个圆锥半角等于圆锥角，圆锥半角正切值的2倍即等于锥度。

例7 一个内圆锥孔用图5-17所示方法测量计算它的圆锥角 α，将直径 $2R = 15\text{mm}$ 的钢球放入，测得深度 $h = 5.31\text{mm}$，再用直径 $2r = 12\text{mm}$ 的钢球放入，测得深度 $H = 61.25\text{mm}$，求算圆锥孔的圆锥角 α 为多少？

解 用式（5-8）计算圆锥半角 $\alpha/2$：

$$\sin\frac{a}{2} = \frac{R - r}{(H + r) - (h + R)}$$

$$= \frac{\frac{15}{2} - \frac{12}{2}}{(61.25 + \frac{12}{2}) - (5.31 + \frac{15}{2})} = 0.02755$$

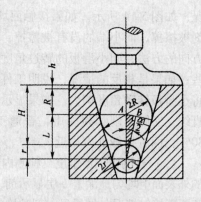

图 5-16 两个钢球测量的圆锥面锥度

查三角函数表得 $\alpha/2 = 1°34'$。

由于圆锥角等于两个圆锥半角 $\alpha/2$，所以 $\alpha = 2 \times \alpha/2 = 2 \times 1°34' = 3°8'$。

2. 圆锥面的角度检测

（1）使用万能角度尺检测 万能角度尺是一种通用角度量具（在第一章第三节中介绍了它的读数原理和方法），它适于单件加工测量时使用。使用时根据工件角度情况，将万能角度尺上的扇形板和直尺调整到所需要位置，如图5-17所示是使用万能角度尺测量圆锥面角度的几种情况。

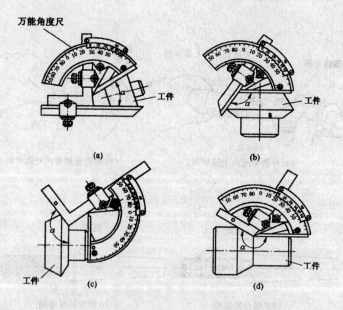

图 5-17 万能角度尺测量圆锥面角度

（2）使用角度样板检测 大批量加工中，可使用专用角度样板进行检测。角度样板是根据被加工工件的角度要求制出的，用观察角度样板与被测角度面中间的透光情况，判断其加工精度。图5-18所示是使用角度样板检测气门阀杆角度的情况，图5-19所示是使用角度样板检测锥齿轮加工齿前的角度情况。图5-19（a）是以端面为基准进行检测，其角度应等于 $90° + \alpha_1$，图5-19（b）是检测双斜面角度，其角度应等于 $180° - \alpha_1 - \alpha_2$。

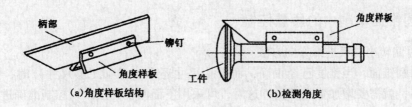

（a）角度样板结构　　　（b）检测角度

图5-18　角度样板检测气门阀杆角度

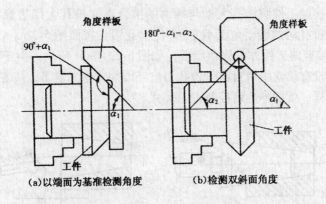

（a）以端面为基准检测角度　　　（b）检测双斜面角度

图5-19　角度样板检测角度

（3）专用工具检测法　图5-20所示是使用专用工具测量外圆锥面角度时的情况。可调节的活动块3上面带有两个弧形长孔，通过螺母4与主尺固定在一起。使用时，先调节活动块，使活动块与游标尺之间的角度等于工件圆锥面的角度，并将螺母拧紧，然后，就以这个标定的角度和尺寸检测工件上的圆锥面。

3. 圆锥直径尺寸检测

圆锥的大、小端直径可用圆锥界限量规来测量。圆锥界限量规就是图5-21所示的圆锥量规。它除了有一个精确的圆锥表面外，在塞规和套规的端面上分别具有一个台阶 a（或刻线）。这些台阶长度就是圆锥大小端直径的公差范围。

检验工件时，当工件的端面在圆锥量规台阶中才算合格，见图5-21。

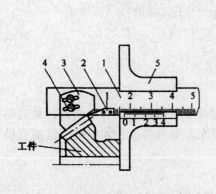

图5-20　专用工具检测角度

1—主尺；2—定位块；

3—活动块；

4—螺母；5—游标尺

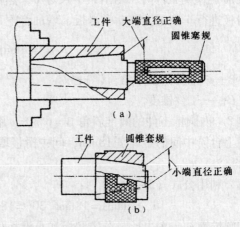

图5-21　用圆锥量规测量

二、圆锥面车削中的质量控制

1. 采用偏转小滑板进给方向方法

车削内圆锥面，当锥度已经正确，而锥孔尺寸还小（没加工够尺寸）时，为了将锥孔尺寸车合格，就需要增加背吃刀量，这时，可采用下面两种方法，以控制准确进刀。

（1）将圆锥塞规塞入工件圆锥孔内，但由于所车出的圆锥孔小，圆锥塞规塞进的长度不能达到界限，会余出尺寸 a，如图 5.22（a）所示；接着取下圆锥塞规，移动车床小滑板，使镗孔刀刀尖接触工件圆锥孔大端与端面的接合点（锥孔大端边缘）处，然后移动小滑板（小滑板车圆锥孔时的转动角度不变），使镗孔刀尖按照图 5-22（b）中箭头方向离开工件端面距离 a；接着向工件方向移动溜板，如图 5-22（c）所示，由于溜板是沿导轨方向平行移动的，虽然没有移动中滑板，但镗孔刀已经增加背吃刀量了，接着移动小滑板车削圆锥孔就可以了。这样，就能准确地控制进刀尺寸。

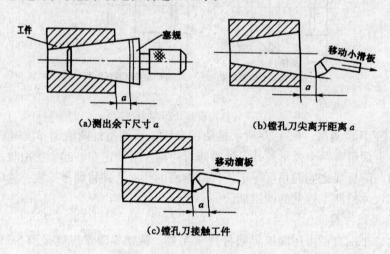

(a) 测出余下尺寸 a　　(b) 镗孔刀尖离开距离 a

(c) 镗孔刀接触工件

图 5-22　内圆锥面车削中的进刀控制

（2）采用移动中滑板，增加背吃刀量方法。圆锥面初步车出后，当使用圆锥塞规（车内圆锥面）检测工件时，测出余下尺寸 a，然后移动中滑板，增加背吃刀量 a_p 后，即可移动小滑板进行车削了。移动中滑板，增加背吃刀量 a_p 用下式算出：

$$a_p = a\tan\beta = a\frac{C}{2} \tag{5-9}$$

式中　β——工件圆锥半角，(°)；

C——工件锥度。

例 8　内圆锥工件的圆锥斜角 $\beta = 6°30'$，用圆锥塞规检测时，工件小端直径处的端面离开塞规上台阶中间的距离是 18mm，问中滑板增加背吃刀量为多少，才能使圆锥的直径尺寸车削合格？

解　利用公式（5-9）计算：

$$a_p = a\tan\beta = 18\tan6°30' = 18 \times 0.11394 = 2.05\ （mm）$$

即圆锥面初步车出后，车床溜板和小滑板位置不动，通过中滑板增加 2.05mm 的背吃刀量，即可使圆锥工件的直径尺寸车削合格。

以上介绍的两种方法，车削外圆锥面也可使用。图 5-23 所示是采用第一种控制进刀方

法。圆锥套规套入工件后，余下尺寸 a，然后使车刀刀尖与工件端面接触，再后退移动小滑板，使刀尖与工件端面距离也等于 a，接着纵向移动溜板，使刀尖与工件端面接触后，即可移动小滑板进行车削了。

2. 采用不转动小滑板位置的方法

车削互相配套的内外圆锥面时，如果采用车好一个内圆锥或外圆锥，然后转动小滑板角度，再车另一个圆锥面的操作方法，这样不仅效率低。同时内外圆锥面往往不能准确密合。遇到这种情况可采用下面方法：将小滑板转动准确角度，先车外圆锥面，如图 5-4（a）所示，按照要求车好后，不转动小滑板位置，接着车内圆锥面。这时，车床主轴反转，镗孔刀反装，如图 5-24（b）所示，或者主轴正转，镗刀切削刃向下。切削中，车刀刀尖要严格对正工件旋转中心。利用这种方法车出的内外圆锥面能够严密地配合。

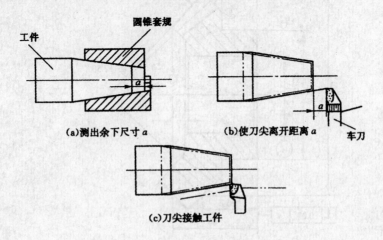

图 5-23　外圆锥面车削中的进刀控制

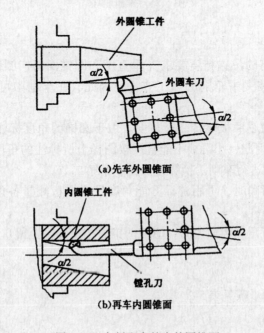

图 5-24　车削配套的内外圆锥面

第五节　圆锥零件的车削实例

图 5-25 所示为锥齿轮坯零件图，零件材料为 45 热轧圆钢，毛坯尺寸为 $\phi5mm \times 46mm$，数量为 10 件。

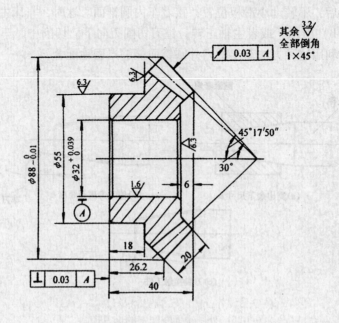

图 5-25　锥齿轮坯

一、工艺分析

（1）锥齿轮坯有较高的位置精度要求（垂直度和圆锥面斜向圆跳动不大于 0.03mm），而且不能全部采用一次装夹中车削的加工方法，因此，在车削中可采用杠杆百分表进行找正。

（2）锥齿轮坯车削时小滑板要转三个角度。由于圆锥的角度标注方法不同（有的轴线标出，有的端面标出），因此，小滑板不能直接按图样上所标注的角度去转，必须经过换算才能最后转动小滑板角度进行车削。换算方法见本章第二节。

（3）车削齿面和齿背角时，可用游标万能角度尺或样板测量各角度。车削内孔时可用内径百分表或圆柱塞规测量。

（4）车削工件的齿背角和齿面角时，应使两锥面相交外径上留 0.1mm 的宽度。

二、车削步骤

车削锥齿轮坯的具体步骤见表 5-2。

表 5-2　锥齿轮坯车削步骤

零件名称	材料牌号	毛坯尺寸/mm	加工数量	
锥齿轮坯	45	φ95×46	10 件	
序号	加工内容及技术要求		刃具	量具
1	检查毛坯尺寸，用三爪自定心卡盘夹持毛坯外圆长 15mm，找正、夹紧			
2	车端面（车平即可），车外圆至 φ90mm		45°，90°偏刀	游标卡尺
3	工件调头夹持 φ90mm 外圆长 15mm 找正、夹紧			
4	（1）粗、精车端面（总长 40mm，留 1mm 余量） （2）粗、精车 φ5mm 及轴向尺寸 18mm （3）钻、扩孔（孔径 φ32mm 留 1mm 余量） （4）倒两处角（内孔倒角应为 1.5×45°）		45°弯头刀 90°偏刀麻花钻	游标卡尺
5	工件调头夹持 φ55mm 外圆，长 12mm，用杠杆百分表找正工件反平面（跳动量不大于 0.03），夹紧			杠杆百分表
6	（1）精车端面至总长 40mm （2）精车外圆至 φ88mm （3）逆时针方向旋转小滑板 45°，车削齿面角，并控制斜面长 20mm （4）小滑板复位后再顺时针方向旋转 47°车齿背面 （5）车内锥面，深 6mm （6）小滑板复位，精车内孔至尺寸 φ32mm （7）内孔倒角 1×45°		45°弯头刀 90°偏刀车孔刀	游标卡尺外径千分尺游标万能角度尺或样板 φ32H8 塞规或内径百分表
7	检验			

1. 什么叫锥度？并写出其计算公式。

2. 根据下列条件，用近似公式计算出圆锥半角。

（1）$D=24$，$d=23$，$L=40$

（2）$D=45$，$L=64$，$C=1:20$

3. 车外圆锥一般有哪几种方法？

4. 车内圆锥有几种方法？

5. 怎么检验圆锥的锥度正确性？

6. 如何控制车削圆锥的质量？

第
六
章

螺纹的车削

本章概述

　　本章讲解螺纹的车削，从螺纹的基本知识讲起，讲解了三角螺纹和梯形螺纹的车削方法，并结合具体实例讲解了三角螺纹和梯形螺纹的切削工艺。

教学目标

　　1. 了解螺纹的基本知识。
　　2. 掌握车削三角螺纹的方法。
　　3. 掌握车削梯形螺纹的方法。
　　4. 了解螺纹测量的相关知识。

第一节 螺纹基本知识

一、螺纹的概念

在圆柱或圆锥母体表面上制出的螺旋线形的、具有特定截面的连续凸起部分。螺纹按其母体形状分为圆柱螺纹和圆锥螺纹；按其在母体所处位置分为外螺纹、内螺纹，按其截面形状（牙型）分为三角形螺纹、矩形螺纹、梯形螺纹、锯齿形螺纹及其他特殊形状螺纹，三角形螺纹主要用于连接，矩形、梯形和锯齿形螺纹主要用于传动；按螺旋线方向分为左旋螺纹和右旋螺纹，一般用右旋螺纹；按螺纹线的数量分为单线螺纹、双线螺纹及多线螺纹；连接用的多为单线，传动用的采用双线或多线；按牙的大小分为粗牙螺纹和细牙螺纹等，按使用场合和功能不同，可分为紧固螺纹、管螺纹、传动螺纹、专用螺纹等。

二、螺纹各部分名称和基本尺寸计算

1. 普通螺纹

普通螺纹各部分名称如图 6-1 所示。

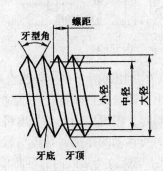

图 6-1　普通螺纹各部分名称

（1）牙型角 α　螺纹牙型上，在通过螺纹中心线的截面上，两相邻牙侧间的夹角称为牙型角 α。普通粗牙螺纹和普通细牙螺纹的牙型角均为 60°。

（2）牙型高度 h_1　牙型高度是在垂直于螺纹轴线方向测出的螺纹牙顶至牙底间的距离，如图 6-2 所示，普通螺纹的牙型并不是一个完整的三角形。图 6-3 中，完整三角形的高度为 H，顶部"削"去 $H/8$，底部"削"去 $H/4$，剩下的部分是螺纹的牙型高度 h_1。显然，牙型高度是：$h_1 = H - (H/8) - (H/4) = 5H/8$，因普通螺纹的牙型角是 60°，由三角学知道：

$$H = \frac{\sqrt{3}}{2}P = 0.866P$$

所以
$$h_1 = \frac{5}{8}(0.866P) \approx 0.5413P$$

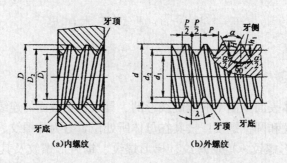

图 6-2　普通螺纹尺寸计算

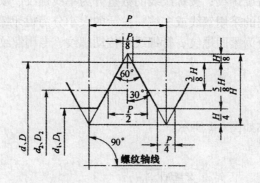

图 6-3　普通螺纹基本牙型

（3）螺距 P 和导程 P_n　螺距 P 是相邻两牙在中径线上对应两点间的轴向距离，由于 P 在中径线上不好测出，实际工作中，测量螺纹时往往在螺纹大径的牙顶处进行。

在普通螺纹中，螺纹大径相同时，按螺距的大小分出粗牙螺纹和细牙螺纹。

导程是螺纹旋转一周后沿轴向所移动的距离，导程与螺纹工件的线数有直接关系，当螺纹是单线时，导程 P_n 等于螺距 P；当螺纹为多线时，导程等于螺纹线数 n 乘以螺距 P。

（4）大径（d、D）　螺纹的最大直径称为大径，即螺纹的公称直径。外螺纹大径用 d 表示，内螺纹大径用 D 表示。

（5）小径（d_1、D_1）　螺纹的最小直径称为小径。外螺纹小径用 d_1 表示，内螺纹小径用 D_1 表示。

螺纹小径与大径的计算关系是：

$$d_1 = D_1 = d - 2\frac{5}{8}H = d - 1.0825P \qquad (6-1)$$

（6）中径（d_2、D_2）　螺纹中径是指一个螺纹上牙槽宽与牙宽相等地方的直径。它是一个假想圆柱体的直径。外螺纹中径用 d_2 表示，内螺纹中径用 D_2 表示。

需要指出的是，螺纹中径不等于大径与小径的平均值。图 6-3 所示标准普通螺纹的齿形中，中径以外部分的齿形高度是 $3H/8$，中径以内部分是 $2H/8$，因此，中径不是大径与小径两者中间的直径。由于大径 $d = D$，中径 $d_2 = D_2$，因此，螺纹中径与大径的计算关系是：

$$d_2 = D_2 = d - 2 \times \frac{3}{8}H = d - 0.6495P \qquad (6-2)$$

普通螺纹的基本尺寸见表 6-1。

表 6-1　普通螺纹基本尺寸表

公称直径 D、d	螺距 P		中径 D_2 或 d_2	小径 D_1 或 d_1	公称直径 D、d	螺距 P		中径 D_2 或 d_2	小径 D_1 或 d_1
6	粗牙	1	5.350	4.917	24	粗牙	3	22.051	20.752
	细牙	0.75	5.513	5.188			2	22.701	21.835
8	粗牙	1.25	7.188	6.647		细牙	1.5	23.026	22.376
	细牙	1	7.350	6.917			1	23.350	22.917
		0.75	7.513	7.188	27	粗牙	3	25.051	23.752
10	粗牙	1.5	9.026	8.376			2	25.701	24.835
	细牙	1.25	9.188	8.647		细牙	1.5	26.026	25.376
		1	9.350	8.917			1	26.350	25.917
		0.75	9.513	9.188	30	粗牙	3.5	27.727	26.211
12	粗牙	1.75	10.863	10.106			2	28.701	27.835
	细牙	1.5	11.026	10.376		细牙	1.5	29.026	28.376
		1.25	11.188	10.647			1	29.350	28.917
		1	11.350	10.917	33	粗牙	3.5	30.727	29.211
14	粗牙	2	12.701	11.835			2	31.701	30.835
	细牙	1.5	13.026	12.376		细牙	1.5	32.026	31.376
		1	13.350	12.917	36	粗牙	4	33.402	31.670
16	粗牙	2	14.701	13.835			3	34.051	32.752
	细牙	1.5	15.026	14.376		细牙	2	34.701	33.835
		1	15.350	14.917			1.5	35.026	34.376
18	粗牙	2.5	16.376	15.294	39	粗牙	4	36.402	34.670
	细牙	2	16.701	15.835			3	37.051	35.752
		1.5	17.026	16.376		细牙	2	37.701	36.835
		1	17.350	16.917			1.5	38.026	37.376
20	粗牙	2.5	18.376	17.294	42	粗牙	4.5	39.077	37.129
	细牙	2	18.701	17.835			3	40.051	38.752
		1.5	19.026	18.376		细牙	2	40.701	39.835
		1	19.350	18.917			1.5	41.026	40.376
22	粗牙	2.5	20.376	19.294	45	粗牙	4.5	42.077	40.129
	细牙	2	20.701	19.835			3	43.051	41.752
		1.5	21.026	20.376		细牙	2	43.701	42.835

这种螺纹的螺距根据每 in（英寸）内的牙数来定。按照计算关系，1in = 25.4mm，每 25.4mm 内的牙数可从专门手册中查到，见表 6-2。

表 6-2　55°非密封管螺纹牙型和尺寸计算　（单位：mm）

名称	符号	计算公式	说明
螺距	P	$P = \dfrac{25.4}{n}$	式中　n——每 25.4mm 内的螺纹牙数 d——管螺纹大径
管螺纹三角形高度	H	$H = 0.960\,49P$	
牙型高度	h	$h = 0.640\,33P$	
圆弧半径	r	$r = 0.13733P$	
小径	d_1	$d_1 = d - 2h$	

2. 梯形螺纹

梯形螺纹的牙型角为 30°，车床丝杠上的螺纹就是梯形螺纹。

图 6-4 所示的梯形螺纹，螺距为 P，中径 d_2 上的齿厚为 $P/2$，外螺纹牙高 h_3，内螺纹牙顶与外螺纹牙底间的间隙 a_c，$h_2 = h_3 - a_c$，牙顶宽 f、牙顶间 f_1，牙根间 W，牙根宽 W_1。在三角形 ABC 中：

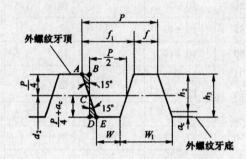

图 6-4　梯形螺纹计算

$$\tan 15° = \frac{\overline{AB}}{\overline{BC}} = \frac{\overline{AB}}{P/4} \tag{6-3}$$

则

$$\overline{AB} = \frac{P}{4}\tan 15° = \frac{P}{4} \times 0.26795 = 0.067P$$

所以

$$f = \frac{P}{2} - 2\,\overline{AB} = \frac{P}{2} - 2 \times 0.067P = 0.366P$$

$$f_1 = \frac{P}{2} + 2\,\overline{AB} = \frac{P}{2} + 2 \times 0.067P = 0.634P$$

又在三角形 CDE 中，

$$\tan 15° = \frac{\overline{DE}}{\overline{CD}} = \frac{DE}{\dfrac{P}{4} + a_c}$$

则

$$DE = \left(\frac{P}{4} + a_c\right)\tan 15° = \left(\frac{P}{4} + a_c\right) \times 0.267\,95$$

$$= 0.067P + 0.267\,95a_c$$

所以　$W = \dfrac{P}{2} - 2\,\overline{DE} = \dfrac{P}{2} - 2 \times (0.067P + 0.267\,95a_c) = 0.366P - 0.536a_c$

$$W_1 = \frac{P}{2} + 2\overline{DE} = \frac{P}{2} + 2 \times (0.067P + 0.26795a_c)$$

$$= 0.634P + 0.536a_c$$

于是 $\qquad\qquad\qquad f = 0.366P \ \text{或}\ f = P - f_1 \qquad\qquad (6-4)$

牙顶槽宽（牙顶间）$\qquad f_1 = 0.634P \ \text{或}\ f_1 = P - f \qquad\qquad (6-5)$

牙根宽 $\qquad\qquad W_1 = 0.634P + 0.536a_c \ \text{或}\ W_1 = P - W_1 \qquad (6-6)$

牙槽底宽（牙根间）$\quad W = 0.366P - 0.536a_c \ \text{或}\ W = P - W_1 \qquad (6-7)$

按梯形螺纹标准确定 $P = 2 \sim 5$ 时，$a_c = 0.25$，则

$$W_1 = 0.634P + 0.134 \qquad\qquad (6-8)$$

$$W = 0.366P - 0.134 \qquad\qquad (6-9)$$

$P = 6 \sim 12$ 时，$a_c = 0.5$，则

$$W_1 = 0.634P + 0.268 \qquad\qquad (6-10)$$

$$W = 0.366P - 0.268 \qquad\qquad (6-11)$$

$P = 14 \sim 44$ 时，$a_c = 1$，则

$$W_1 = 0.634P + 0.536 \qquad\qquad (6-12)$$

$$W = 0.366P - 0.536 \qquad\qquad (6-13)$$

例1 标准 30° 梯形螺纹，螺距 $P = 10\text{mm}$，求牙顶宽和牙根宽各为多少？

解 用公式（6-4）计算 f：

$$f = 0.366P = 0.366 \times 10 = 3.66 \ (\text{mm})$$

用式（6-5）计算 f_1：

$$f_1 = 0.634P = 0.634 \times 10 = 6.34 \ (\text{mm})$$

因 $P = 10\text{mm}$，所以用式（6-10）计算 W_1：

$W_1 = 0.634P + 0.268 = 0.634 \times 10 + 0.268 = 6.608 \ (\text{mm})$

用式（6-7）计算 W：

$$W = P - W_1 = 10 - 6.608 = 3.392 \ (\text{mm})$$

梯形螺纹其他各部分的尺寸计算见表 6-3。

表 6-3　梯形螺纹各部尺寸计算 （单位：mm）

名称和符号			计算公式		
牙型角 α			$\alpha = 30°$		
螺距 P			由螺纹标准确定		
牙顶与牙底间的间隙		P	$2 \sim 5$	$6 \sim 12$	$14 \sim 44$
		a_c	0.25	0.5	1
外螺纹牙高 h_3			$h_3 = 0.5P + a_c$		
外螺纹	大径 d		公称直径		
	小径 d_1		$d_1 = d - 2h_3$		
内螺纹	大径 D_4		$D_4 = d + 20a_c$		
	小径 D_1		$D_1 = d - P$		
中径（D_2、d_2）			$D_2 = d_2 = d - 0.5P$		

车工工艺与技能训练

三、螺纹的标记

1. 普通螺纹标记方法

普通螺纹用符号"M"表示；粗牙普通螺纹不标注出螺距，若在螺纹公称直径的后面标注出螺距，则是细牙普通螺纹；右旋螺纹不标注旋转方向，若在螺纹代号后面标注出"LH"则是左旋螺纹；螺纹中径和顶径公差带代号相同时标注 1 个，不同时分别标注；中等旋合长度不标，其他旋合长度标注。举例如下：

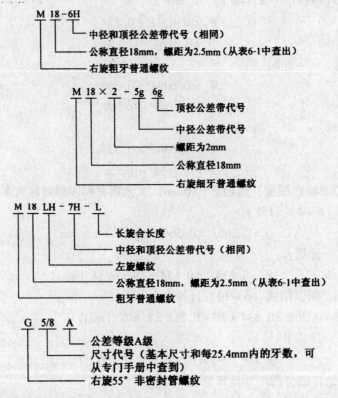

2. 管螺纹标记方法

55°非密封管螺纹的标记由符号、尺寸代号和公差等级代号组成。55°非密封管螺纹用符号"G"表示；尺寸代号是指管子孔径的公称直径，用 in（英寸）数值表示；右旋不标注旋转方向，左旋标注出符号"LH"。螺纹公差等级代号，对外螺纹分 A、B 两级标记，对内螺纹则不标记。举例如下：

3. 梯形螺纹标记方法

梯形螺纹用"T$_r$"表示。其标记示例如下：

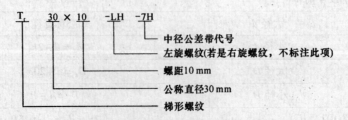

第二节　三角形螺纹的车削

三角形螺纹的车削方法有两种：即低速车削与高速车削。用高速钢车刀低速车削三角形螺纹，能获得较高的螺纹精度和较低的表面粗糙度值，但这种车削方法生产效率较低，成批车削时不宜采用，适合于单件或特殊规格的螺纹采用。用硬质合金车刀高速车削螺纹，生产效率较高，螺纹表面粗糙度值也较小，是目前在机械制造业中被广泛采用的方法。

一、低速车削三角形螺纹

低速车削三角形螺纹一般用高速钢车刀，分粗车与精车刀，如图6-5所示。粗车时切削速度可选择 10～15m/min，精车时切削速度可选择 5～10m/min。

车削三角形螺纹的进给方法有三种，应根据工件的材料、螺纹外径的大小及螺距的大小来决定，下面分别介绍三种进给方法。

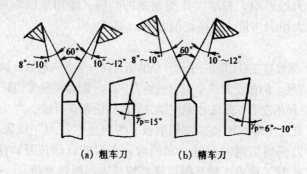

图6-5　高速钢普通螺纹车刀

1. 直进法

用直进法车削，如图6-6所示。车螺纹时，螺纹车刀刀尖及左右两侧刃都直接参加切削工作。每次进给由中滑板作横向进给，随着螺纹深度的加深，背吃刀量相应减少，直至把螺纹车削好为止。这种车削方式操作较简便，车出的螺纹牙型正确，但由于车刀的两侧刃同时参加切削，排屑较困难，刀尖容易磨损，螺纹表面粗糙度值较大，当背吃刀量较深时容易产生"扎刀"现象。因此，这种车削方法适用于螺距小于2mm或脆性材料的螺纹车削。

2. 左右切削法

左右切削法，如图6-7所示。车螺纹时，除了用中滑板刻度控制螺纹车刀的横向进给外，同时使用小滑板的刻度使车刀左右微量进给。采用左右切削法车削螺纹时，要合理分配切削余量，粗车时可顺着进给方向偏移，一般每边留精车余量 0.2～0.3mm。精车时，为了使螺纹两侧面都比较光洁，当一侧面车光以后，再将车刀偏移到另一侧面车削。粗车时切削速度取 10～15m/min，精车时切削速度 <6m/min，背吃刀量小于 0.05mm。

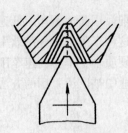

图 6-6 直进法车削三角形螺蚊

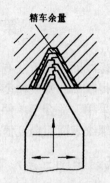

图 6-7 左右切削法车削三角形螺蚊

这种车削法操作比直进法复杂，但切削时只有车刀刃尖及一条刃参加切削，排屑较顺利，刀尖受力、受热有所改善，不易扎刀，相应地可提高切削用量，能取得较细的表面粗糙度。由于受单侧进给力的影响，有增大牙型误差的趋势。适用于除矩形螺纹外的各种螺纹粗、精车，有利于加大切削用量，提高切削效率。

3. 斜进法

斜进法车削三角形螺蚊与左右切削法相比，小滑板只向一个方向进给，如图6-8 所示。

斜进法操作比较方便，但由于背离小滑板进给方向的牙侧面粗糙度值较大，因此只适宜于粗车螺纹。在精车时，必须用左右切削法才能使螺纹的两侧面都获得较小的表面粗糙度值。

采用高速钢车刀低速车螺纹时要加注切削液，为防止"扎刀"现象，最好采用图 6-9 所示的弹性刀柄。这种刀柄当切削力超过一定值时，车刀能自动让开，使切屑保持适当的厚度，粗车时可避免"扎刀"现象，精车时可降低螺纹表面粗糙度值。

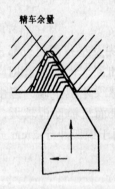

图 6-8 斜进法车削三角形螺纹

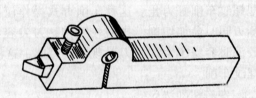

图 6-9 弹性刀柄螺纹车刀

二、高速车削三角形螺纹

高速车削三角形螺纹使用的车刀为硬质合金车刀，如图 6-10 所示，切削速度一般取 50~70m/min，车削时只能用直进法进给，使切屑垂直于轴线方向排出。用硬质合金车刀高速车削螺纹时，背吃刀量开始可大些，以后逐渐减少，车削到最后一次时，背吃刀量不能太小（一般在 0.15~0.25mm）。否则螺纹两侧面表面粗糙度值较大，成鱼鳞片状，严重时还会产生振动。高速车削三角形螺纹螺距一般在 1.5~3mm 之间，车一次螺纹只需进给 3~5 次就可以车削完毕，既能保证螺纹的质量，又能大大提高劳动生产率，是目前机械加工中广泛被

采用的方法。

例 螺距 $=2mm$，背吃刀量 $=0.6\times$ 螺距 $=1.2mm$。在切削时，背吃刀量如何分配，如图 6-11 所示。

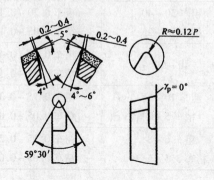
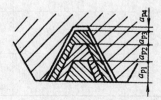

图 6-10　硬质合金普通螺纹车刀　　　　　图 6-11　背吃刀量分配情况

第一次进给——$a_{p1}=0.5mm$

第二次进给——$a_{p2}=0.35mm$

第三次进给——$a_{p3}=0.20mm$

第四次进给——$a_{p4}=0.15mm$

用硬质合金车刀高速车削三角形螺纹时一般不分粗、精车刀，用一把车刀一次将螺纹车出。

三、车削三角形螺纹时切削用量的选择

车削三角形螺纹时切削用量的选择主要是指背吃刀量和切削速度的选择。

1. 一般原则

·根据车削要求粗车主要是去除余量，切削用量可选得较大；精车时应保证精度和表面粗糙度值较小，切削用量宜选小些。

·根据车削状况车外螺纹，刀柄短而粗，刚性好，强度大，切削用量可选得较大；车内螺纹，刀柄伸入工件孔内，刚性与强度均较差，切削用量宜选小；车细长轴上螺纹，刚性差，切削用量宜小；车螺距大的螺纹，进给量相对行程大，切削用量宜小。

·根据工件材料加工脆性材料（铸铁、黄铜）等，切削速度相应减小，加工塑性材料（钢）等切削用量可相应增大，但要防止因切削用量过大造成"扎刀"现象。

·根据进给方式直进法切削，横截面积大，车刀受力，受热较严重，切削用量宜小；左右切削法，切削横截面积小，车刀受力、受热有所改善，切削用量可大些。

2. 切削用量推荐值（见表6-4）

表 6-4　切削用量推荐值

工件材料	刀具材料	牙形	螺距/mm	切削速度 $v_c/$ （$m\cdot m^3m^{-1}$）	背吃刀量 a_p/mm
45 钢	YT15	三角形	2	60～90	余量分 2～3 次切完
30CrMoA	YT15	三角形	3	粗车 30～40 精车 40～50	粗车 0.40～0.60 精车 0.10～0.30

续表

铸铁	YG8	三角形	2	粗车 15～30 精车 15～25	粗车 0.20～0.40 精车 0.05～0.10
35 钢	YTl5	三角形	1.5	粗车 30～40 精车 20～25	粗车 0.20～0.40 精车 0.05～0.10
1Crl8Ni9Ti	YTl5	三角形	2.5	40～60	粗车 0.20～0.40 精车 0.05～0.10
45 钢	W18Cr4V	三角形	1.5	粗车 10～15 精车 5～7	粗车 0.15～0.30 精车 0.05～0.08
Crl7Ni2	W18Cr4V	三角形	1.5	粗车 6～8 精车 3.5～5.2	粗车 0.15～0.25 精车 0.05～0.07

四、套螺纹和攻螺纹

1. 在车床上用板牙套螺纹

一般直径不大于 M16 或螺距小于 2mm 的螺纹可直接用板牙套出来；直径大于 M16 的螺纹可粗车螺纹后再套螺纹。其切削效果以 M8～M12 为最好。由于板牙是一种成形、多刃的刀具，所以操作比较简便，生产效果较好。

（1）圆板牙　圆板牙大多用合金工具钢制成，如图 6-12 所示。板牙两端的锥角是切削部分，因此正反都可使用。中间具有完整齿深的一段是校准部分，也是套螺纹时的导向部分。其规格和螺距标注在板牙端面上。

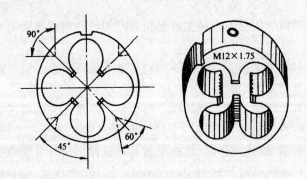

图 6-12　圆板牙

（2）用板牙套螺纹的方法（套螺纹前的工艺要求）

①先把螺纹工件外圆车至比公称尺寸小 0.2～0.4mm（按工件螺距和材料塑性大小决定）。

计算套螺纹圆杆直径近似公式为

$$d_0 \approx d\ (0.13～0.15)\ P$$

式中　d_0——圆杆直径，mm；

　　　d——螺纹大径，mm；

　　　P——螺距，mm。

②外圆车好后，工件端面必须倒角。倒角要小于或等于 45°，倒角后的端面直径要小于

螺纹小径，使板牙容易切入工件。

③套螺纹前必须找正尾座轴线与车床主轴轴线重合，水平方向的偏移量不得大于0.05mm。

④板牙装入套螺纹工具或尾座三爪自定心卡盘时，必须使其端面与主轴轴线垂直。

（3）套螺纹方法

①用套螺纹工具进行套螺纹，如图6-13所示。把套螺纹工具体1的锥柄部分装在尾座套筒锥孔内，圆板牙4装入滑动套筒2内，使螺钉3对准板牙上的锥坑后拧紧。将尾座移到离工件一定距离处（约20mm）固紧，转动尾座手轮，使圆板牙4靠近工件端面，然后开动车床加切削液。转动尾座手轮使圆板牙4切入工件，这时停止手轮转动，由滑动套筒2在工具体1内自动轴向进给。当板牙进到所需要的距离时，立即停机，然后开倒车，使工件反转，退出板牙。销钉5用来防止滑动套筒在切削时转动。

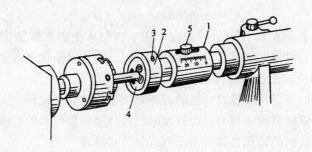

图6-13　圆板牙套螺纹工具

1—工具体；2—滑动套筒；

3—螺钉；4—圆板牙；5—销钉

②在尾座上用100mm以下的三爪自定心卡盘装夹板牙，套螺纹方法与上相同。但不能固定尾座，要调节好尾座与床鞍的距离，使其距离大于工件螺纹的长度。小于M6的螺纹不宜用此种方法，因尾座的重量会使螺纹烂牙。

（4）套螺纹时切削速度的选择　钢件：3~4m/min；铸铁：2.5m/min；黄铜：6~9m/min。

（5）切削液的使用　切削钢件，一般用硫化切削油或机油和乳化液。切削低碳钢或40Cr钢等韧性材料可用工业植物油。切削铸铁可加煤油或不加切削液。

（6）套螺纹时的注意事项

·检查板牙的牙齿是否损坏；

·板牙安装不能歪斜；

·塑性材料套螺纹时应加注切削液；

·套螺纹时工件直径应偏小些，否则容易产生烂牙；

·用小三爪自定心卡盘安装圆板牙时，夹紧力不能过大，以防板牙碎裂；

·套M12以上的螺纹时应把工件夹紧，套螺纹工具在尾座里装紧，以防套螺纹时切削力矩大引起工件走动，或套螺纹工具在尾座内旋转。

2. 在车床上用丝锥攻螺纹

丝锥用高速钢制成，是加工内螺纹的标准工具；亦是一种成形、多刃切削工具。直径或螺纹螺距较小的内螺纹可以用丝锥直接攻出来。它有手用丝锥和机用丝锥两种。

（1）手用丝锥　见图6-14（a），通常有两只一套，俗称头攻和二攻。在攻螺纹时为了依次使用丝锥，可根据在切削部分磨去齿的不同数量来区别；头攻磨去三到七牙，二次磨去三到五牙。丝锥的规格和螺距刻在柄部上。

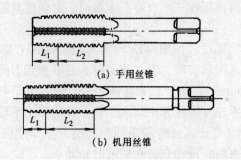

(a) 手用丝锥

(b) 机用丝锥

图6-14　丝锥

（2）机用丝锥　见图6-14（b）。一般在车床上或钻床上加工螺纹用的是机用丝锥，它与手用丝锥形状相似，只是在柄部多一条环形槽，用以防止丝锥从攻螺纹工具内脱落。

（3）用丝锥攻螺纹的方法（攻螺纹前的工艺要求）

①攻螺纹前孔径的确定　攻螺纹时孔的直径必须比螺纹的小径稍大一点，这是为了要减小切削抗力和避免丝锥断裂所必须的。攻螺纹时的孔径要根据材料的性质来决定。在实际操作中，普通螺纹攻螺纹前的钻孔直径可按下列近似公式计算

加工钢及塑性材料时　　$D_孔 \approx d - P$

加工铸铁或脆性材料时　　$D_孔 \approx d - 1.05P$

式中　$D_孔$——攻螺纹前的钻孔直径，mm；

　　　d——螺纹外径，mm；

　　　P——螺距，mm。

②攻螺纹（不通孔螺纹）钻孔深度计算　攻不通孔螺纹时，由于切削刃部分不能攻制出完整的螺纹，所以钻孔深度至少要等于需要的螺纹深度加上丝锥切削刃的长度；这段长度约等于螺纹外径的0.7倍。即

$$钻孔深度 \approx 需要的螺纹深度 + 0.7d$$

③孔口倒角　用60°锪孔钻在孔口倒角，其直径要大于螺纹大径尺寸。孔口倒角也可直接用车刀车出。

（4）攻螺纹方法　在车床上攻螺纹，先找正尾座轴线与主轴轴线重合。攻小于M16的内螺纹先进行钻孔、倒角后直接用丝锥攻出一次成形。如攻螺距较大的三角形内螺纹，可钻孔后先用内螺纹车刀进行粗车螺纹，再用丝锥攻螺纹；也可以采用先用头攻，后用二攻分两次切削。

①用攻螺纹工具进行攻螺纹，见图6-15所示。把攻螺纹工具装在尾座锥孔内，同时把机用丝锥装进攻螺纹工具方孔中，移动尾座向下件靠近并固定，然后开机，并转动尾座手轮使丝锥头部几牙进入螺孔里。根据工件的攻螺纹长度，在攻螺纹工具或在尾座套筒上作好标记。开机攻螺纹时，要转动尾座手轮，使套筒跟着丝锥前进，当丝锥进入孔内几牙后，手轮可停止转动，让攻螺纹工具自动跟随丝锥前进直到需要的尺寸，然后开倒车退出丝锥即可。

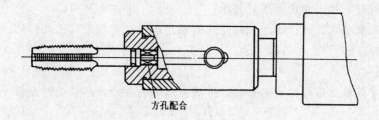

方孔配合

图 6-15　车床攻螺纹工具

②用扳手（或鸡心夹头）和尾座顶尖攻螺纹的方法，见图 6-16 所示。一般在攻单件螺纹工件时，用攻螺纹专用工具比较麻烦（或没有专用攻螺纹工具情况下），通常采用此种方法进行攻螺纹。把丝锥切削部分伸进工件的孔中，而柄部的中心孔用后顶尖顶住，固定尾座。为了不使丝锥转动，在它的方榫上夹一个鸡心夹头（或扳手），鸡心夹头的下端支在刀架的平台上。在攻螺纹的头几牙时，必须仔细，并且均匀转动尾座手轮；使后顶尖始终顶住丝锥的中心孔内。当丝锥切入工件的孔后，就可靠工件的转动，使丝银自己旋入而向前推进。因此，那时后顶尖的移动，只是为了用顶尖把丝锥的柄部支持住，使丝锥对准孔的轴线。这时决不能紧压丝锥，否则螺纹会损坏。采用这种攻螺纹方法时，要注意安全。

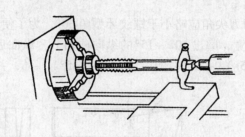

图 6-16　用鸡心夹头和顶尖攻螺纹的方法

（5）切削速度的选择　钢件：3～15m/min；铸铁、青铜：6～24m/min。

（6）切削液的使用与套螺纹相同。

（7）攻螺纹时的注意事项

·选用丝锥时，应看清丝锥的规格，检查丝锥牙齿是否损坏；

·装夹丝锥时，应防止歪斜；

·攻螺纹时应充分加注切削液；

·用鸡心夹或扳手攻螺纹时，尾座顶尖必须保持和丝锥顶尖孔接触，左手控制好倒顺车手柄，右手掌握好尾座手轮，思想集中，以防发生安全事故；

·攻不通孔螺纹时，必须在攻螺纹工具（或尾座套筒上）标记好螺纹长度尺寸，以防折断丝锥；

·在用一套丝锥攻螺纹时，一定要按正确的顺序使用，在用下一个丝锥以前必须要清除孔中切屑。

3. 丝锥折断的原因及取出办法

丝锥在攻螺纹时，如稍不当会折断，其主要原因是：

·攻螺纹前的底孔直径太小，造成丝锥切削阻力大；

·丝锥轴线与工件孔轴线不同轴，造成切削阻力不均匀，单边受力过大；

·工件材料硬而粘，且没有很好润滑；

·在不通孔中攻螺纹时，由于未测量孔的深度或未在尾座套筒上做标记，以致丝锥碰到孔底而造成折断。

取出办法：

·当孔外有折断丝锥的露出部分时，可用尖嘴钳夹住伸出部分反扭出来，或用冲头反方向冲出来；

·当丝锥折断部分在孔内时，可用三根钢丝插入丝锥槽中反向旋转取出；

·用上述两种方法均难取出丝锥时，可以用气割的方法，在折断的丝锥上堆焊一个弯曲成90°的柄，然后转动弯柄拧出断裂丝锥。

第三节　梯形螺纹的车削

一、车刀的几何形状及刃磨

1. 高速钢梯形螺纹粗车刀

如图 6-17 所示，车刀刀尖角应略小于螺纹牙型角30°，为了便于左右切削并留有精车余量，刀尖宽度应小于槽底宽，磨出 10°～15° 的纵向前角 r_p，纵向后角 $\alpha_p = 6°～8°$，车右螺纹时，左侧后角 ＝（3°～5°）＋φ；右侧后角 ＝（3°～5°）－φ，并在刀尖处倒有适当圆角。

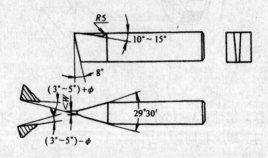

图 6-17　高速钢梯形螺纹粗车刀

2. 高速钢梯形螺纹精车刀

如图 6-18 所示，精车刀要求刀尖角等于牙型角30°，切削刃平直，表面粗糙度值小（梯形螺纹两侧面粗糙度 $Ra1.6\mu m$，则车刀切削刃粗糙度值在只 $Ra0.8\mu m$ 以下），为了保证两侧切削刃切削顺利，都应磨出较大前角（$r_0 = 15°～20°$）的卷屑槽。用这种车刀切削时，切屑排出顺利，可获得较小的牙侧面粗糙度值和很高的精度。但在车削时必须注意，车刀的前端切削刃不能参加切削，只能精车两侧面。

高速钢螺纹车刀，主要用于低速车削精度较高的梯形螺纹（如车床上中、小滑板丝杠），生产效率较低。

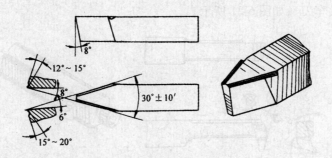

图 6-18　高速钢梯形螺纹精车刀

3. 硬质合金梯形螺纹车刀

如图 6-19 所示，这种车刀可以采用较高的切削速度进行切削，生产效率比高速钢车刀高得多，但精度不高，适合车削一般精度的梯形螺纹。

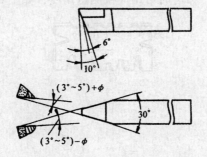

图 6-19　硬质合金梯形螺纹车刀

高速切削螺纹时，由于车刀三个切削刃同时切削，且切削力较大，容易引起振动和"扎刀"，因此对车刀的要求较高。图 6-20 所示的螺纹车刀前刀面磨出两个圆弧，这样可使径向前角增大，切削轻快，不易振动。同时，切屑流出卷成一团（呈球状），比较安全。另外，对车削零件必须具备足够的刚性。

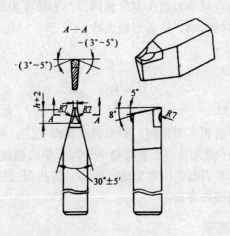

图 6-20　硬质合金双圆弧梯形螺纹车刀

4. 梯形内螺纹车刀（如图 6-21 所示）

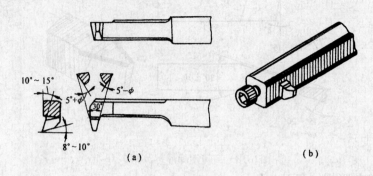

（a）　　　　　　　　　　　　（b）

图 6-21　梯形内螺纹车刀

它和三角形内螺纹车刀基本相同，只是刀尖角为 30°。

为了保证刀尖角的正确，刃磨时可用样板测量角度，如图 6-22 所示。

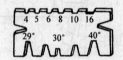

图 6-22　梯形螺纹车刀样板

二、车刀的刃磨

梯形螺纹作为传动螺纹是比较精密的，它的尺寸精度与表面粗糙度要求都较高，其中牙型角 30°主要是靠车刀来保证的，所以梯形螺纹车刀的刃磨是非常重要的。

刃磨梯形螺纹车刀的步骤如下：

1. 刃磨直槽车刀

梯形螺纹一般先用小于槽底宽的直槽车刀将螺纹牙型车成矩形，再用梯形刀将两侧面车成梯形。直槽刀的刀头宽度与梯形刀刀头宽度相同，刀头长度为 $0.5P+$ （3~4）mm，进给方向一侧副后角受螺纹升角的影响，应适当磨大些。

2. 刃磨梯形螺纹粗车刀

·磨左切削刃，并使侧后角为 8°~10°；

·磨右切削刃，使侧后角为 3°~5°，刀尖角 29°30′，用梯形螺纹专用样板检查时略有间隙。

3. 刃磨梯形螺纹精车刀

刃磨的方法和步骤与刃磨粗车刀相同。要求刃磨表面光洁，两侧切削刃直线度好，刀尖角 30°正确，用样板检查时不透光，刀头宽度略小于梯形螺纹槽底宽，并与刀尖角 30°垂直。

在刃磨高速钢梯形螺纹车刀时，应经常进行冷却，防止因过热导致高速钢车刀退火，降低车刀的硬度，减少车刀的使用寿命。

三、车刀的选择和装夹

1. 梯形螺纹车刀的选择

（1）采用低速切削，车刀选用高速钢材料。

（2）精车刀刀尖角应取牙型角下差。为了使切削省力，又保证牙型角的正确，可采用双月牙槽的梯形螺纹车刀，如图6-23所示。此刀只能车削梯形螺纹两侧面，而不能车削梯形螺纹的底径。

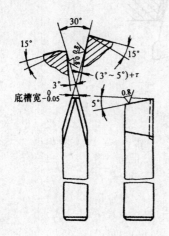

图6-23 双月牙槽的梯形螺纹车

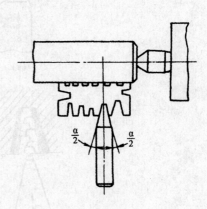

图6-24 梯形螺纹车刀的装夹

2. 梯形螺纹车刀的装夹

（1）梯形螺纹车刀主切削刃必须与工件轴线等高，同时应和工件轴线平行。

（2）刀头中心线要垂直于工件轴线。用对刀样板找正螺纹车刀刀尖角的位置。夹紧刀具后，刀尖角仍应正确地对准样板的位置，以免产生螺纹半角误差，见图6-24。

3. 工件的装夹

一般采用两顶尖装夹或一顶一夹装夹。粗车较大螺距的螺纹时（$P > 6$），一般采用四爪单动卡盘，以保证装夹牢固。同时使工件的一个台阶靠住卡爪平面（或用轴向支承限位），固定工件的轴向位置，以防止因切削力过大，使工件走动而车坏螺纹。

四、梯形螺纹的车削方法

在车削梯形螺纹前，应调整机床各处间隙，尤其是床鞍及中小滑板必须进行检查和调整，注意控制机床主轴的轴向窜动、径向圆跳动以及丝杠轴向窜动。

由于梯形螺纹精度、螺距大小和加工数量不同，其车削方法也不同，一般可分为低速切削和高速切削两类。本章主要介绍低速切削法。

（1）梯形螺纹螺距小于4mm和精度要求不高的工件，可用把梯形螺纹车刀（不分粗车和精车刀），取较小背吃刀量左右进给车削成形。

（2）梯形螺纹螺距大于4mm和精度要求较高的梯形螺纹，一般采用分刀车削的方法。

（3）粗车、半精车梯形螺纹时大径留0.3mm左右余量，倒角与端面成15°。

（4）选用刀头宽度略小于槽底宽的车槽刀见图6-25（a），粗车螺纹两侧面留0.25～0.35mm的余量。

（5）用梯形螺纹车刀采用左右切削法车削梯形螺纹两侧面（留0.1～0.2mm精车余量），见图6-25（b）、（c），并车准螺纹底径尺寸。

（6）选用精车梯形螺纹车刀，采用左右切削法车削螺纹至尺寸，见图6-25（d）。在精车时，首先把梯形螺纹的底径尺寸车到要求，然后再精车一侧面，表面粗糙度值符合要求后，再精车另一侧面，这时既要符合尺寸精度要求，又要符合表面粗糙度值要求。

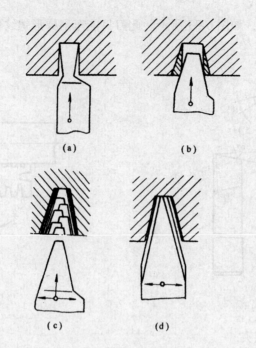

图 6-25　梯形螺纹的车削方法

第四节　螺纹的测量

在车削螺纹时，必须认真测量，使零件符合质量要求。最简单的测量螺纹的方法有螺距测量和螺纹量规综合测量两种。

一、螺距的测量

螺距一般可用钢直尺测量，因为普通螺纹的螺距一般较小，在测量时，最好量 10 个螺距的长度，然后把长度除以 10，就得出一个螺距的尺寸。如果螺距较大，那么可以量出 2 或 4 个螺距的长度，再计算它的螺距。英制螺纹，可测量一英寸长度中有几牙来计算螺距。细牙螺纹的螺距较小，用钢直尺测量比较困难，这时可用螺距规来测量，见图 6-26 所示。测量时把标明螺距的钢片平行轴线方向嵌入牙型中，如果完全符合，则说明被测的螺距是正确的。

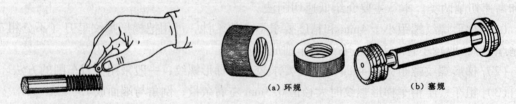

图 6-26　用螺距规测量

(a) 环规　　　(b) 塞规

图 6-27　螺纹量规

二、用螺纹量规综合测量

螺纹量规有螺纹环规和塞规两种（图 6-27）。

环规用来测量外螺纹的尺寸精度；塞规用来测量内螺纹的尺寸精度。在测量螺纹时，如果量规过端正好拧进去，而止端拧不进，说明螺纹精度符合要求。

在综合测量螺纹之前，首先应对螺纹的直径、牙型和螺距进行检查，然后再用螺纹量规

进行测量。使用时不应硬拧量规，以免量规严重磨损。

第五节　三角形螺纹的车削实例

车削螺纹套如图 6-28 所示。

螺纹套材料：45 热轧圆钢。毛坯尺寸：φ60mm～37mm。车削数量：50 件。

一、车削工艺分析

（1）工件有一定的位置精度要求，而且不能在一次装夹中车削全部被测要素和基准要素，因此，当一端车削完毕后调头用软卡爪保证其位置精度，同时可有效防止装夹中产生的变形。

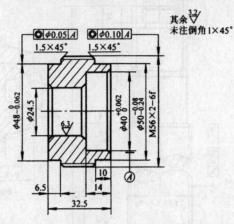

图 6-28　螺纹套

（2）M56～2－6f 为细牙普通螺纹，螺距为 2mm，用环规进行测量。

（3）螺纹精度中等，采用硬质合金螺纹车刀进行高速切削。刀片材料选用 YTl5。

二、车削步骤

车削螺纹套的具体步骤，见表 6-5。

表 6-5　螺纹套的车削步骤

序号	加工内容及技术要求	刀具	量具
1	用三爪自定心卡盘夹持毛坯外圆，找正夹紧		
2	车端面（车出即可）	45°车刀	
3	用 φ23mm 麻花钻钻孔，深度 38mm	φ23 麻花钻	
4	车螺纹外圆至 φ56mm，长 38mm	90°车刀	游标卡尺
5	车 φ50mm，长 10mm	90°车刀	外径千分尺
6	倒角至要求	45°车刀	
7	车内孔 φ24.5mm 至要求	车孔刀	游标卡尺
8	粗、精车内孔 φ40mm×10mm 至要求	车孔刀	圆柱塞规
9	内孔倒角 1×45°	45°车刀	
10	粗、精车 M56×2 至要求	螺纹车刀	螺纹环规
11	切断长 33mm	切断刀	
12	调头，用软卡爪夹住 φ50mm 外圆，车对总长 32.5mm	45°车刀	游标卡尺
13	粗、精车 φ48×6.5mm	90°偏刀	外径千分尺
14	倒角至要求		

第六节　梯形螺纹的车削实例

一、丝杠车削实例

丝杠车削实例零件图，见图6-29，数量：10根；材料：45钢。

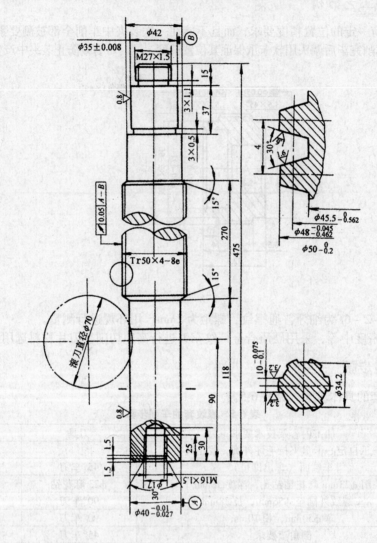

图6-29　丝杠零件图

工艺分析：

· 机床选用 C6150 车床；

· 为了提高丝杠的装夹刚性，不宜采用两顶尖装夹，宜使用一顶一夹装夹方法；

· 丝杠车削采用高速钢车刀低速切削方法；

· 为了保证梯形螺纹的车削质量，精车时必须用精镗软卡爪，使工件径向跳动 <0.03mm；

二、丝杠的机械加工工艺

工序	内容
1	1）车端面 2）钻中心孔以，表面粗糙度 $Ra1.6\mu m$
2	一端夹住，一端顶住 1）车 φ50mm 外径，留磨削余量 0.2～0.3mm 2）车 φ42mm×87mm 至图样尺寸 3）车 φ35js6×52mm 外径，留磨削余量 0.3～0.4mm 4）车 M27×1.5 外径至 φ27×15mm 5）车外沟槽 3×0.5、3×1.1，倒角
3	调头一端夹住 φ35mm 外径，一端搭中心架 1）车端面至总长 475mm 2）钻孔 φ14.5×30mm，攻螺纹 M16×1.5 至尺寸 3）车 φ17×3mm 至尺寸 4）锪中心孔 60° 至尺寸，表面粗糙度只 $Ra1.6\mu m$
4	一端夹住 φ35mm，一端顶住 1）车 φ40×118mm，留磨削余量 0.3～0.4mm 2）粗车 Tr50×4-8e 梯形螺纹，三针测量。读数 φ52.5mm（三针直径 φ2.1mm），螺纹小径至尺寸 3）倒角
5	粗磨、两顶尖装夹 1）磨 φ50mm 外圆至 φ50mm 2）磨 φ35js6 外圆至 φ35mm 3）磨 φ40mm，外圆至 φ40mm
6	按图样滚切花键至尺寸 一顶一夹（软卡爪），径向跳动在 0.03mm 以内 1）车对 M27×1.5 至尺寸 2）精车 Tr50×4-8e 至尺寸
8	修去毛刺
9	精磨（两顶尖装夹） 1）磨 φ50mm 至尺寸 2）磨 φ35is6 至尺寸 3）磨 φ40mm 至尺寸

每章一练

1. 螺纹的概念和各部分名称是什么？
2. 低速车削三角罗维的方法是什么？
3. 梯形螺纹的车削方法有哪几种？
4. 高速车削三角螺纹的方法和特点是什么？
5. 梯形螺纹车刀的装夹步骤是什么？

第七章 车成形面和表面的修饰加工

本章主要讲解了成形面的车削方法，同时对抛光、研磨、滚花等知识进行了阐述，要求掌握滚花的一些技能。

1. 了解成形面车削的几种方法。
2. 能正确进行抛光、研磨。
3. 掌握正确选择滚花刀，并掌握相关的滚花技能。

第一节　成形面的车削

成形面包括多曲率弧形面、球形面等，如图 7-1 所示，这类工件的母线由曲线组合而成。

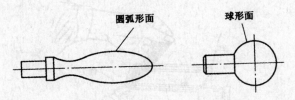

图 7-1　成形面

一、多曲率弧形面车削方法

车床上加工成形面常用中小滑板互动控制法、样板刀成形法以及靠模法等。

1. 中小滑板互动控制法

（1）车削方法　精度要求不高的弧形面可采用这种中小滑板互动控制车削方法。它用双手分别摇动小滑板手柄和中滑板手柄，通过双手的协调动作，使车刀的运动轨迹做一定的曲线运动，从而车出弧形面。

图 7-2 所示是使用普通外圆车刀加工弧形面的情况。开始加工时，先用外圆车刀做几次纵向走刀，把工件车成阶梯形状，如图 7-2（a）所示，然后使用圆弧头粗车刀对圆弧面粗车和用精车刀做精车，把弧形面车成需要的形状，如图 7-2（b）所示。

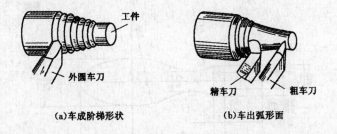

(a)车成阶梯形状　　　　　　　(b)车出弧形面

图 7-2　互动控制法车削弧形面

图 7-3 所示是中小滑板手动进刀互动控制方式车削手柄工件上弧形面的情况。通过纵进刀和横进刀的协调运动，把所需要的弧形面车出来。车削过程中，随时使用样板进行检查，以对车刀的轨迹进行限制。

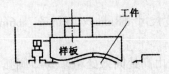

图 7-3　车削手柄弧形画

用双手操作中小滑板互动控制法车削弧形面时，由于手动进给不均匀，工件表面往往留下高低不平或粗糙的痕迹。所以，弧形面用车刀切削后，还应使用锉刀仔细修整，最后用砂布打光。在车床上使用锉刀时，应用左手握柄，右手扶住锉刀的前端，如图 7-4 所示，压力要均匀一致，不可用力过大，否则会把工件锉成一节节的形状或者锉不圆。

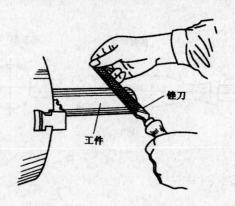

图 7-4　车床上使用锉刀方法

工件经过锉削以后，表面上仍会有细微条痕，这些细微条痕可以用细砂布抛光的方法去掉。用砂布抛光时，工件应选较高的转速，使砂布在工件上缓慢地来回移动。

用这种方法车削弧形面，生产效率很低，同时对操作者的技艺要求很高，所以只适于单件或少量加工中使用。

（2）手动进刀互动控制法车弧形面操作步骤　下面以车削手柄工件为例，介绍其操作步骤，如图 7-5 所示。

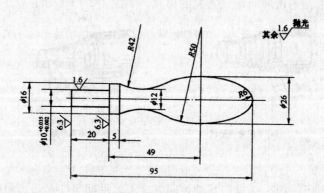

图 7-5　手柄工件

①准备工作。这项工作包括刃磨车刀、使用三爪自定心卡盘采用一夹一顶法装夹工件等。

②车手柄工件的外圆和长度尺寸 $\phi 8mm \times 100mm$、$\phi 6mm \times 45mm$、$10^{+0.035}_{+0.002} mm \times 20mm$，如图 7-6（a）所示。

用圆头切刀从 $R42$ 圆弧两边由高处向低处粗车 $R42$ 圆弧，如图 7-6（b）所示。

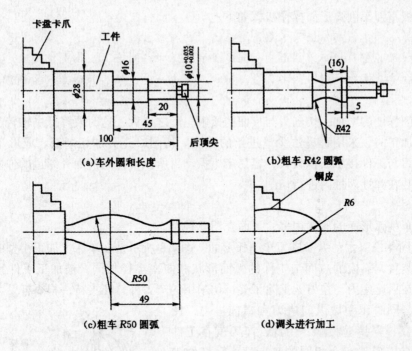

图 7-6　车手柄工件操作步骤

④粗车 $R50$ 圆弧，如图 7-6（c）所示。手柄工件的圆弧头部不要留得太小，以防止切断时工件自行折断。

⑤精车曲面 $R42$、$R50$。连接处要求光滑，边车削边用样板检查。

⑥用锉刀砂布修饰圆弧面。

⑦按总长尺寸加 0.5mm 切断。切断时用手接住工件，以防碰伤工件表面。

⑧调头垫铜皮夹持和找正工件如图 7-6（d）所示。用双手控制法车头部曲面 R_6。连接处要光滑，并进行修整抛光，总长符合 95mm 要求。

⑨检验。

2. 样板车刀成形法

这种加工方法是使用一把宽的样板车刀（或称成形车刀），将所需的弧形面直接车削出来，如图 7-7 所示。

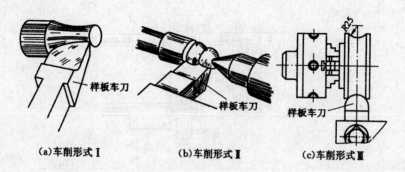

（a）车削形式Ⅰ　　　（b）车削形式Ⅱ　　　（c）车削形式Ⅲ

图 7-7　样板车刀车削弧形面

在刀架上装夹样板车刀时，应使主切削刃与工件中心等高。

使用样板车刀车削弧形面操作步骤如下:

·车削弧形面工件的外圆及长度,并在 R 圆弧处刻上中心线痕;

·车圆弧面,将样板车刀圆弧中心与工件的圆弧中心对准,当切削位置确定后,将溜板固定紧,并把车床主轴和溜板等各部分间隙调整得小一些,然后开动车床,移动中滑板和小滑板进行车削。

随着车削深度的增加,切削刃与形面的接触也随之增大,这时要降低主轴转速,放慢切削速度。精加工时,采用直进法少量进给的方法。切削时充分加切削液。成形车刀在切削时,主切削刃与工件接触面积较大,容易产生振动,所以常使用前面介绍过的弹性刀杆,将成形车刀安装在弹性刀杆内进行切削。

3. 靠模法

靠模法车削弧形面的形式很多,下面介绍几种。

(1) 利用靠模以手动纵横进刀车削弧形面 图 7-8 所示是在车床上加工小型曲形工件用的简单靠模装置,靠模的曲面与工件的弧面形状和曲率半径相同。被加工工件紧固在卡盘上,靠模装在后尾座内。在刀架上除了夹持切削用的车刀外,还夹持一根靠杆。

加工时,同时用手做纵向进刀和横向进刀,使靠杆始终跟靠模保持着接触,由此,车刀就在工件上加工出跟靠模形状完全相同的弧形面。靠杆的尖端和车刀刀尖的高度要跟后顶尖的中心线准确地对齐,并且它们的形状应完全相同,否则加工出来的表面就会变样。

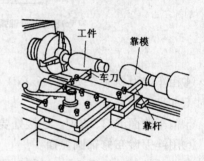

图 7-8　利用靠模手动进给车弧形面

(2) 使用固定靠模装置车弧形面大批量加工弧形面时,常使用这种方法 图 7-9 所示是使用靠模自动走刀车削葫芦状工件的情况。加工前,把中滑板的丝杠拆掉,并将小滑板转过 90°角,使中、小滑板呈同一方向。再将靠杆与紧固床身上的支架相连,把靠模固定在中滑板上。车削时,溜板纵向走动,靠杆上的滚轮在靠模的曲线槽内带动中滑板做曲线移动,小滑板控制进给,如此反复纵横进给,便能车出曲线形工件。

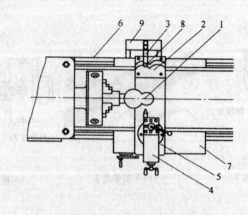

图 7-9　利用靠模机动走刀车弧形面

1—工件;2—靠模;3—靠杆;4—小滑板;5—中滑板;
6—床身;7—溜板;8—滚轮;9—滚

（3）利用配重靠模装置车弧形面　图7-10（a）中，将中滑板丝杠拆掉。由于配重的拉动作用，使刀架上的滚轮总压在靠模上，这样，车刀就可将弧形面工件车削出来。车削情况如图7-10（b）所示。

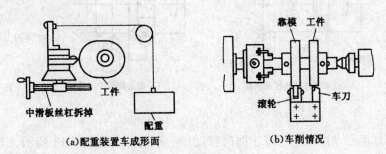

(a)配重装置车成形面　　　　　　　　(b)车削情况

图7-10　利用配重靠模装置车削弧形面

二、球形面车削方法

球形工件如图7-11所示。这类工件的曲率比较有规律，呈规则的球状。车削圆球常采用以下几种方法。

1. 中小滑板互动控制法

单件车削圆球常使用这种方法。车削图7-11所示球形工件的操作步骤如下：

（1）刃磨车刀和使用三爪自定心卡盘装夹工件。

（2）按圆球工件的直径 D 和柄部直径 d 车好外圆，并留出精车外圆的余量0.3mm，如图7-12（a）所示，并车好圆球部分的长度 L，L 用下式计算：

$$L = \frac{D + \sqrt{D^2 - d^2}}{2} \qquad\qquad (7-1)$$

式中　D——圆球直径，mm；

　　　d——圆球柄部直径，mm。

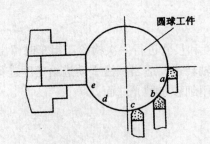

图7-11　球形工件

（3）用钢直尺量出圆球的中心线位置，并用车刀刻出线痕。这样可以保证车出的圆球球面对称。

（4）用45°车刀在圆球的两端倒角，如图7-12（b）所示，以减少车圆球时的加工余量。

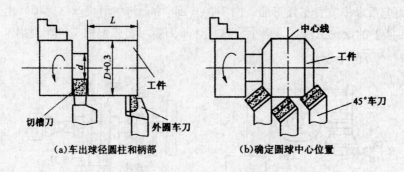

图 7-12　车圆球操作步骤

（5）粗车球面。车削时，用双手同时移动中、小滑板，如图 7-13 所示，双手动作要协调一致。

车削时，一般是从 a 点开始吃刀，如图 7-14 所示，切向中点 c，然后再从 e 点开始吃刀，也切向中点 c，最后将中点修圆整。

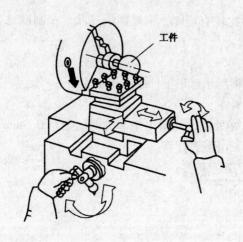

图 7-13　双手互动车圆球

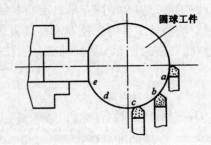

图 7-14　车圆球进刀方法

粗车后，应对球面的圆度和尺寸进行一次检验。粗车时留出精加工余量。

（6）精车球面。提高主轴转速，适当减慢手动进给速度进行切削。

（7）用锉刀修整球面和用细砂布抛光球面。

（8）检验。

2. 样板车刀法

加工时，先车出工件外圆和球面长度，然后，采用中小滑板互动控制法粗车出圆球面，如图 7-15 所示，最后使用样板车刀精加工圆球，如图 7-16 所示。装夹圆球样板车刀时，使车刀主切削刃对准工件中心。

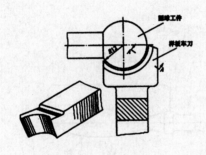

图 7-15　样板车

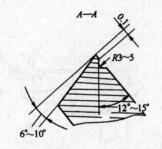

图 7-16　样板车刀加工圆球

为了防止车削中产生振动，一般都是将样板车刀安装在弹性刀杆上；另外，根据加工情况，适当降低主轴转速。

3. 使用专用装置车削法

车削圆球的专用装置很多，图 7-17 所示是一种蜗杆传动车圆球装置。使用时，将车床小滑板拆掉，装上转盘，车刀装夹在刀座上。车削时，转动手轮使装在轴上的蜗杆旋转，蜗杆再带动蜗轮以及与蜗轮连接的刀座同时旋转。当刀座环绕着垂直中心线的工件中心转动时，结合工件旋转，便把圆球车出来。

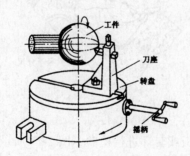

图 7-17　专用装置车圆球

利用上面介绍的蜗杆蜗轮传动装置加工圆球时，注意使车刀转动中心和工件中心相一致，否则，车出的圆球直径不正确。为了使两中心能重合在一起，可在加工前使用试切法，确定好切削位置，并使用中滑板刻度盘控制进刀距离。

在增加背吃刀量时，需调整刀座上刀头的伸出长度，注意不要通过中滑板进刀去调整背吃刀量。

三、成形面的检验

成形面车削完毕后，应按照图样中要求，对其尺寸、表面粗糙度以及位置进行检验。检验其圆弧形状时可采用以下方法。

弧形面在车削过程中和车好后，可使用样板进行检验，如图 7-18 所示。在圆弧样板上都标注出该样板的弧面曲率半径，根据工件弧形要求，适当选用。

图 7-19 所示是使用圆弧样板测量工件上弧面形状的情况，检验时，使样板的方向与工件轴线相一致，从样板与弧形面接触时出现的缝隙情况，可判断出该弧形面是否

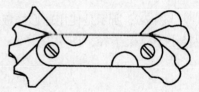

图 7-18　圆弧样板

合格。

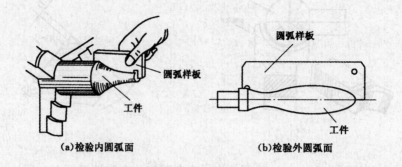

(a)检验内圆弧面　　　　　　(b)检验外圆弧面

图 7-19　样板检验弧形面

检验球面直径和圆度时，可使用千分尺，如图 7-20 所示。用千分尺检验球的圆度时，需在不同方向进行，当各处尺寸都一致时，说明该球件圆度好。

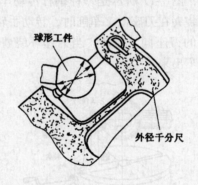

图 7-20　千分尺检验球面

大批量加工中，可使用样板或套环进行检验，图 7-21 所示是检验外球面情况。检验时，主要根据样板与工件之间的间隙大小和接触面是否均匀，来判断球面质量。如果出现圆度误差，就需对其进行修整，如图 7-22 所示。

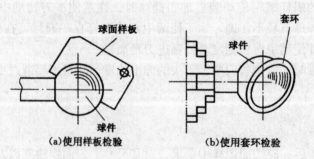

(a)使用样板检验　　　　　　(b)使用套环检验

图 7-21　样板或套环检验球面

图 7-23 所示是使用球形样板检验内球面情况，图 7-23（a）所示是被检验工件的球面半径小于样板半径，图 7-23（b）所示则是被检验球面半径大于样板半径，均属于不合格产品。

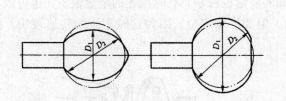

图 7-22　球面出现圆度误差

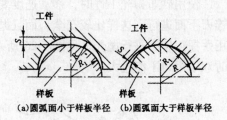

(a)圆弧面小于样板半径　(b)圆弧面大于样板半径

图 7-23　球形样板检验内球面

第二节　抛　光

抛光是利用柔性抛光工具和磨料颗粒或其他抛光介质对工件表面进行的修饰加工。抛光不能提高工件的尺寸精度或几何形状精度，而是以得到光滑表面或镜面光泽为目的，有时也用以消除光泽（消光）。经过精车以后的零件的表面，如果还不够光洁，特别是用双手控制法车成形面，由于手动进给不可能很均匀，工件表面有许多车削后的痕迹，为了达到图样规定的要求，可以用锉刀、砂布进行修整抛光。

一、锉刀修光

在车床上用锉刀修光时，按修光要求，选用不同型号的锉刀。常用的锉刀，按断面形状可分为平锉（板锉）、半圆锉、圆锉、方锉和三角锉等；按齿纹可分为粗锉、细锉和特细锉（油光锉即 5 号锉）。

修整成形面时，一般使用平锉和半圆锉。工件余量一般在 0.1mm 左右。精修时可以用 5 号锉进行，其锉削余量一般在 0.05mm 内，甚至还可以更少些。在锉削时为了保证安全，用左手握柄，右手扶住锉刀前端锉削，如图 7-24 所示。如果用右手握柄，左手扶住锉刀前端锉削，很容易勾衣袖口，造成人员伤亡。

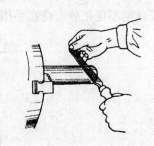

图 7-24　在车床上锉削的姿势

在车床上锉削时，推锉速度要慢（一般每分钟 40 次左右），压力要均匀，缓慢移动前进，否则会把工件锉扁或呈节状。

锉削时最好在锉齿面上涂上一层粉笔末，以防锉削屑滞塞在锉齿缝里，并要经常用铜丝刷清理齿缝，这样才能锉削出比较理想的工件表面。

锉削时的转速要选得合理。转速太高，容易磨钝锉齿；转速太低，容易把工件锉扁。

二、砂布抛光

如果工件在经过锉削以后，其表面仍有细微的痕迹，这时可用砂布进行抛光。

1. 砂布的型号和抛光方法

在车床上抛光用的砂布，一般用金刚砂制成。常用的型号有 "00'" 号、"0" 号、"1" 号、"1$\frac{1}{2}$" 号和 "2" 号等。其号数越小，砂布越细，抛光出来粗糙度值越低。

使用砂布抛光工件时，移动速度要均匀，转速应取高些。抛光的方法一般是将砂布垫在锉刀下面进行。这样比较安全，而且抛光的质量也较好。有时抛光的余量很少，也可以直接用手捏住砂布进行抛光，见图 7-25 所示。但要注意安全，因为这时车床的转速较快，抛光时双手用力不能过大。

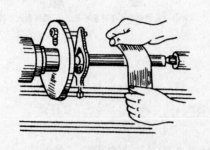

图 7-25 用砂布抛光工件　　　　　图 7-26 用抛光夹抛光工件

成批加工最好用抛光夹抛光，如图 7-26 所示。把砂布垫在木制抛光夹的圆弧中，再用手捏紧抛光夹进行抛光。也可在细砂布上加机油抛光。

2. 用砂布抛光内孔的方法

经过精车以后的内孔表面，如果不够光洁，或孔径尺寸偏小，可用砂布抛光或修整。具体抛光方法是：选取一根比孔径尺寸小的木棒，一端开槽，如图 7-27（a）所示。将砂布撕成条状形塞进槽内，以顺时针方向把砂布绕在木棒上，然后放进工件孔内进行抛光，如图 7-27（b）所示。其抛光方法是右手握紧木棒手柄后部，左手握住木棒前部，当工件旋转时，木棒均匀在孔内移动。孔径比较大的工件，也可以直接用右手捏住砂布抛光。孔径较小的工件绝不能把砂布绕在手指上直接在工件内抛光，以防发生事故。

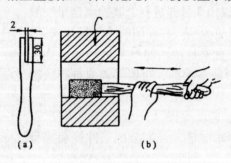

图 7-27 用抛光棒抛光工件

第三节　研磨

研磨是利用涂敷或压嵌在研具上的磨料颗粒，通过研具与工件在一定压力下的相对运动对加工表面进行的精整加工（如切削加工）。研磨可用于加工各种金属和非金属材料，加工的表面形状有平面，内、外圆柱面和圆锥面，凸、凹球面，螺纹，齿面及其他型面。加工精度可达 IT5～01，表面粗糙度可达 $Ra0.63～0.01tim$ 研磨有手工研磨和机械研磨两种。在车床上一般是手、机结合研磨。

一、研磨的方法和工具

研磨轴类工件的外圆时，可用铸铁做成套筒，它的内径按工件尺寸配制，如图 7-28 所示。套筒 2 的内表面开有几条沟槽，套筒的一面切开，借以调节尺寸。用螺钉 3 防止套筒在研磨时产生转动，套筒内涂研磨剂，金属夹箍 1 包在套筒外圆上，用螺栓 4 紧固和调节间隙。套筒和工件之间的间隙不宜过大，否则会影响研磨精度。研磨前，工件必须留 0.005 ～ 0.02mm 的研磨余量。研磨时，手拿研具，并沿着低速旋转的工件作均匀的轴向移动，并经常添加研磨剂，直到尺寸和表面粗糙度都符合要求为止。

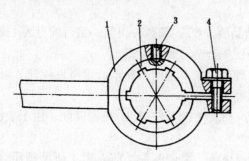

图 7-28 研磨外圆的工具

1—夹箍；2—套筒；3—螺钉；4—螺栓

研孔时，可使用研磨心棒，如图 7-29 所示。锥形心轴 2 和锥孔套筒 3 配合。套筒的表面上开有几条沟槽，它的一面切开。转动螺母 4 和 1，可利用心轴的锥度调节套筒的外径，其尺寸按工件的孔配制（间隙不要过大）。销钉 5 用来防止研磨套与心轴作相对转动。研磨时，在套筒表面涂上研磨剂，心轴装夹在三爪自定心卡盘和顶尖上作低速旋转，工件套在套筒上，用手扶着作匀速轴向来回移动。

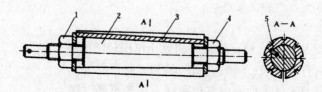

图 7-29 使用研磨小棒研孔

1、4—螺母；2—锥形心轴；3—锥孔套筒；5—销钉

二、研磨工具的材料

研磨工具的材料应比工件材料软，要求组织均匀，并最好有微小的针孔。研具组织均匀才能保证研磨工件的表面质量。研具又要有较好的耐磨性，以保证研磨后工件的尺寸和几何形状精度。研具太硬，磨料不易嵌入研具表面，使磨料在研具和工件表面之间滑动，这样会降低切削效果，甚至可能使磨料嵌入工件表面而起了反研磨作用，以致影响了表面粗糙度。研具材料太软，会使研具磨损快且不均匀，容易失去正确的几何形状精度而影响研磨质量。

常用的研具材料有以下几种：

（1）灰铸铁是较理想的研具材料，它最大的特点是具有嵌入性，砂粒容易嵌入铸铁的细片形隙缝或针孔中而起研削作用。适用于研磨各种淬火钢料工件。

（2）软钢一般很少使用，但它的强度大于灰铸铁。不易折断变形，可用于研磨 M8 以下的螺纹和小孔工件。

（3）铸造铝合金一般用作研磨铜料等工件。

（4）硬木材用于研磨软金属。

（5）轴承合金（巴氏合金）用于软金属的精研磨，如高精度的铜合金轴承等

三、研磨剂

研磨剂是磨料、研磨液及辅助材料的混合剂。

1. 磨料

（1）金刚石粉末即结晶碳（C），其颗粒很细，是目前世界上最硬的材料，切削性能好，但价格昂贵。适用于研磨硬质合金刀具或工具。

（2）碳化硼（B_4C）硬度仅次于金刚石粉末，价格也较贵。用来精研磨和抛光硬度较高的工具钢和硬质合金等材料。

（3）氧化铬（Cr_2O_3）和氧化铁（Fe_2O_3）颗粒极细，用于表面粗糙度要求极细的表面最后研光。

（4）碳化硅（SiC）有绿色、黑色两种。前者用于研磨硬质合金、陶瓷、玻璃等材料；后者用于研磨脆性或软材料，如铸铁、铜、铝等。

（5）氧化铝（Al_2O_3）有人造和天然两种。硬度很高，但较碳化硅低。颗粒大小种类较多，制造成本低，被广泛用于研磨一般碳钢和合金钢。

目前工厂经常采用的是氧化铝和碳化硅两种微粉磨料。

2. 研磨液

磨料不能单独用于研磨，必须加配研磨液和辅助材料。

常用的研磨液为 L–AN15 全损耗系统用油，煤油和锭子油。研磨液的作用是：

· 使微粉能均匀分布在研具表面；

· 冷却和润滑作用。

3. 辅助材料辅助材料是一种黏度较大和氧化作用较强的混合脂。

常用的辅助材料有硬脂酸、油酸、脂肪酸和工业甘油等。

辅助材料主要是使工件表面形成氧化薄膜，加速研磨过程。

为了方便，一般工厂中都是使用研磨膏。研磨膏是在微粉中加入油酸、混合脂（或凡士林）和少许煤油配制而成。

第四节　滚花

滚花是在某些工件的捏手部位，为了增加摩擦力和使工件表面更加美观，往往在工件表面上进行各种花纹滚花。例如车床上的刻度盘，外径千分尺的微分套管等。这些花纹一般是在车床上用滚花刀滚压而成的。

一、花纹的种类

滚花的花纹一般有直花纹、斜花纹和网花纹三种，如图 7-30 所示。花纹的粗细由节距（p）来决定，滚花的标注方法及节距（p）的选择见表 7-1。

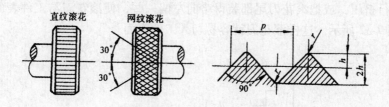

图 7-30　花纹种类

表 7-1　滚花

模数 m	h	r	节距 p
0.2	0.132	0.06	0.628
0.3	0.198	0.09	0.942
0.4	0.264	0.12	1.257
0.5	0.326	0.16	1.571
注：表中 $h = 0.785m - 0.414r$			

二、滚花刀

滚花刀一般有单轮、双轮及六轮三种，如图 7-31 所示。单轮滚花刀通常是压直花纹和斜花纹用。双轮滚花刀和六轮滚花刀用于滚压网花纹，它是由节距相同的一个左旋和一个右旋滚花刀组成一组。六轮滚花刀以节距大小分为三组，装夹在同一个特制的刀柄上，分粗、中、细三种，供选用。

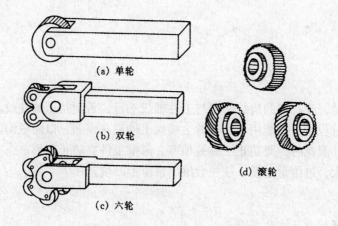

(a) 单轮

(b) 双轮

(c) 六轮

(d) 滚轮

图 7-31　滚花刀的种类

三、滚花方法

因为在滚花时产生的背向力较大，使工件表面产生塑性变形，所以在车削滚花外径时，应根据工件材料的性质和滚花的节距（p）的大小，将滚花部位的外径车小 $(0.2 \sim 0.5)\ p$。

1. 滚花刀的装夹

滚花刀的装夹应与工件表面平行。开始滚花时，挤压力要大，使工件圆周上一开始就形成较深的花纹，这样就不容易产生乱纹。为了减少开始时的径向压力，可用滚花刀宽度的

1/2 或 1/3 进行挤压，或把滚花刀尾部装得略向左偏一些，使滚花刀与工件表面产生一个很小的夹角如图 7-32 所示。这样滚花刀就容易切入工件表面。

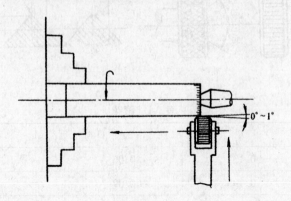

图 7-32　滚花刀的装夹

2. 滚花方法

将滚花刀装夹以后，要求把刀架上的紧固螺钉拧紧，然后开较慢转速，当滚花刀与工件表面接触后，确定工件表面没有发生乱纹现象（停机观看），即可纵向机动进给进行滚花。

由于滚花时径向压力较大，所以工件装夹必须牢靠，以防工件走动。滚花一般在精车之前进行。

四、滚花时的质量问题及注意事项

（1）滚花时容易产生乱纹的原因

·滚花开始时，滚花刀与工件接触面太大，使单位面积压力变小，容易形成花纹微浅，出现乱纹。

·滚花刀转动不灵活，或滚花刀槽中有细屑阻塞，有碍滚花刀压入工件。

·转速过快，滚花刀与工件容易产生滑动。

·滚花刀间隙过大，产生径向摆动与轴向窜动等。

（2）滚直纹时，滚花刀的齿纹必须与工件轴线平行，否则挤压的花纹不直。

（3）在滚花过程中，不能用手和棉纱去接触工件滚花表面，以防危险。

（4）细长工件滚花时，要防止工件被顶弯。薄壁工件要防止变形。

（5）压力过大，进给量过慢，往往会滚出台阶形凹坑。

1. 车削成形面的常用方法是什么？
2. 如何检验成形面？
3. 常用的研磨工具材料是什么？
4. 滚花时产生乱纹的原因是什么？
5. 滚花时需要注意的问题是什么？